船舶溢油事故污染损害评估技术

刘敏燕　沈新强　主编

中国环境出版社·北京

图书在版编目（CIP）数据

船舶溢油事故污染损害评估技术/刘敏燕，沈新强
主编. —北京：中国环境出版社，2014.6
ISBN 978-7-5111-1690-1

Ⅰ．①船…　Ⅱ．①刘…　②沈…　Ⅲ．①海洋污
染—船舶污染—漏油—评估　Ⅳ．①X55-34

中国版本图书馆 CIP 数据核字（2013）第 310313 号

出 版 人	王新程
责任编辑	沈　建　王海冰
责任校对	尹　芳
封面设计	彭　杉

出版发行	中国环境出版社
	（100062　北京市东城区广渠门内大街 16 号）
	网　　址：http://www.cesp.com.cn
	电子邮箱：bjgl@cesp.com.cn
	联系电话：010-67112765（编辑管理部）
	010-67113412（教材图书出版中心）
	发行热线：010-67125803，010-67113405（传真）
印　　刷	北京中科印刷有限公司
经　　销	各地新华书店
版　　次	2014 年 6 月第 1 版
印　　次	2014 年 6 月第 1 次印刷
开　　本	787×1092　1/16
印　　张	11.75
字　　数	278 千字
定　　价	35.00 元

序

　　我国于 1993 年成为石油净进口国，1996 年成为原油净进口国，2003 年已成为世界第二大石油消费国、第三大石油进口国，2009 年成为世界第二大原油进口国。今后，我国对进口原油和石油依存度将持续攀升。目前，我国进口原油 90% 以上通过海上运输，每年航行于中国沿海水域的船舶已达 464 万艘次，平均每天 1.27 万艘次，其中各类油品运输船舶近 1000 艘次。同时海上钻井平台、沿海石油化工区密集，更加剧了溢油风险，一旦发生油污事故，会给海洋环境造成重大损害。

　　为减少因船舶溢油造成的巨额经济损失，保护环境，维护社会公平与稳定，合理地赔偿受害人的损失，建立溢油事故污染损害赔偿机制是国际上通行做法。2010 年 3 月 1 日起施行的中华人民共和国国务院令第 561 号《防治船舶污染海洋环境管理条例》专设"第七章　船舶污染事故损害赔偿"，明确了船舶油污保险和油污损害赔偿基金制度的有关规定，从法规层面上，有力地推动了我国油污损害赔偿机制的建立。作为赔偿的前提，污染损害评估工作将为污染损害赔偿提供合理化、规范化、程序化、快速化的技术支撑，意义重大。

　　作为科技部"十一五"科技支撑计划项目"远洋船舶压载水净化和水上溢油应急处理关键技术研究"之子课题"水上溢油事故应急处理技术"的主要研究成果，《船舶溢油事故污染损害评估技术》一书主要围绕船舶溢油事故污染损害评估技术开展了系统总结和相关研究。主要介绍船舶溢油事故损害赔偿的国内外概况，建立船舶溢油事故污染损害评估指标体系，介绍溢油事故发生后清污和预防措施的评估方法、程序和软件，也介绍了溢油事故对渔业造成污染损害的评估方法、程序和软件，阐述了经济损失评估方法，对溢油污染事故产生的环境损害进行机理分析，提出了溢油事故环境损害评估程序、方法和软件，介绍了环境损害后各种生态类型采取环境恢复措施的技术可行性和有效性，最后还介绍了船舶溢油事故污染损害评估技术的实际应用案例。使读者能够了解到船舶溢油污染事故损害评估的国内外概况和技术体系，有助于完善我国船舶溢油事故应急反应体系。

　　本书的出版，有望为广大从事溢油应急工作的相关人员提供科学依据和重要参考。

2014 年 4 月

前　言

目前，我国是世界第二大石油进口国，2008 年进口量达 2.0 亿吨。2007 年沿海船舶进出港 266.7 万艘次，其中油轮 18.6 万艘次，平均每天 400 多艘次油轮装载 300 多万吨油品航行于沿海水域，溢油事故风险加大。据统计，1973—2007 年，中国沿海共发生大小船舶溢油事故 2 742 起，平均每 4.5 天一起，其中溢油 50 吨以上的事故共 79 起，平均每年发生 2.3 起，总溢油量 37 877 吨。

海上溢油是造成海洋环境污染与生态损害的主要因素之一。我国发生溢油事故造成的巨大损失往往得不到充分的赔偿，初步统计，在我国沿海发生 50 吨以上的 44 起溢油事故只赔偿了 17 起，占 39%。赔偿不充分导致清污费用支付的困难，致使溢油往往不能及时清除，使许多潜在的损失不可挽回；天然渔业资源损失评估与赔偿则出现国内有关规定与国际惯例存在尖锐矛盾的现象；对于环境损害的评估与赔偿，则由于国外国际油污损害赔偿机制（绝大多数国家已接受）和美国油污损害赔偿机制两套机制并存，而国内尚未形成自己的油污损害赔偿法律体系和赔偿机制，使不同溢油事故在司法判案时，确定赔偿范围和赔偿原则存在适用法律不一致、观点分歧大的现象，严重破坏了司法的严肃性，损害了我国的国际形象。

我国是国际海事组织《1992 年国际油污损害民事责任公约》和《2001 年国际燃油污染损害民事责任公约》的履约国，承担着履行国际公约义不容辞的义务。

今后，水运经济仍将高速发展，国家能源需求持续增长，油船趋于大型化，各种船舶溢油污染特别是灾难性事故的风险加大，已引起国家和各级政府的高度重视。国家正在建立"预防、应急和赔偿"三位一体的船舶溢油应急管理模式。国际上，各国在海洋溢油事故的处理中，大多形成了相应的技术标准以规范溢油损害评估工作，而我国则缺乏此方面的技术标准，使得评估内容差别很大。为了解决这些问题，我们编写了《船舶溢油事故污染损害评估技术》一书。本书主要解决"由谁赔偿"和"赔偿什么、赔偿多少、怎么赔"所涉及的政策和技术问题。

全书共分 9 章：第一章、第二章为综述部分，简单介绍了本书的目的、国内外概况、溢油污染的各种影响以及国内外溢油事故的统计与原因分析，建立了溢油污染各种损害的评估指标体系；第三章至第八章分别介绍了清污、渔业、经济、环境等损害应遵循的评估程序和科学的计算方法；第九章为应用部分，就前面提出的方法选取有代表性的案例进行验证和应用。写作分工如下：第一章刘敏燕，第二章刘敏燕、李涛，第三章叶赛、耿红，第四章沈新强、袁琪，第五章王盛明、赖小妹，第六章王志霞、刘敏燕，第七章王志霞、李亚斌，第八章王志霞、蓝钧，第九章袁琪、李涛、王志霞。刘敏燕负责全书的统稿工作。

本书的写作过程中，得到了交通运输部海事局船舶监督处鄂海亮处长、徐石明、徐翠明的悉心指导和热情鼓励；交通部环境保护中心劳辉总工、大连海事大学韩立新教授、广州海事法院吴自力庭长、李民韬法官等提出了宝贵的意见；山东海事局李积军处长、张向上博士，天津海事局隋旭东处长，辽宁海事局管永义处长、韩俊松博士，上海海事局董乐毅科长，中海油环保服务公司朱生凤总经理等给予了大力支持；课题研究还得到了海事、海洋、司法、航运、保险、环保、清污机构等各领域专家、学者和同仁的支持和帮助，国际油污损害赔偿基金（IOPC）两届总干事 Willem Oosterveen 先生、Mans Jacobsson 先生，执行委员会主席 Jerry Rysanek 先生，国际油轮船东防污染联合会（ITOPF）总干事 Tosh Moller 博士、Richard Johnson 经理和 Michael O'Brien 博士以及英国保赔协会（UK P&I Club）Herry Lawford 先生等国际友人也给予了大力帮助，在此表示衷心的感谢！

各协作单位的领导给予了高度重视，课题组全体人员精诚团结、齐心协力、加班加点、不辞劳苦，高质量、高水平地超额完成了各项任务指标，对他们的敬业精神和辛勤劳动表示崇高的敬意！

由于时间关系和作者对本领域的认识水平有限，书中可能存在一些不足和错误之处，敬请批评指正。

作　者
2013 年 10 月

目 录

第一章 总 论

第一节 船舶溢油事故污染损害评估的意义

一、我国近年来船舶溢油事故污染状况

我国是世界第二大石油进口国，2008 年进口量达 2.0 亿 t，2009 年达 2.04 亿 t，其中 90%以上的石油进口是通过海运实现的。2007 年沿海船舶进出港 266.7 万艘次，其中油轮 18.6 万艘次，平均每天 400 多艘次油轮装载 300 多万 t 油品航行于沿海水域。溢油事故风险加大。据统计，1973—2007 年，中国沿海共发生大小船舶溢油事故 2 742 起，其中溢油 50 t 以上的事故共 79 起，总溢油量 3.8 万 t。海洋环境受到相应的威胁，急需加大预防和保护力度。由于石油对海洋环境的污染具有持续性强、扩散范围广、防治难、危害大等特点，一旦发生重特大污染事故，会给海域环境和海洋资源造成极大的破坏和损害，影响人类的健康和生存环境。2007 年 12 月河北精神号漏出 1 万 t 原油，70 km 海岸线、101 个岛屿、3.4 万 hm^2 养殖区、3.98 万所房屋受到污染。2004 年 12 月 7 日珠江口溢油 1 200 t，在海上形成一条长 9 n mile 的油带，造成珠江口海域污染，损失达 6 800 万元。

二、船舶溢油事故污染损害评估目的

为减少因船舶溢油造成的巨额经济损失，保护环境，维护社会公平与稳定，合理地赔偿受害人的损失，建立溢油事故污染损害赔偿机制是国际上通行做法。2010 年 3 月 1 日起施行的中华人民共和国国务院令第 561 号《防治船舶污染海洋环境管理条例》专设第七章"船舶污染事故损害赔偿"，明确了船舶油污保险和油污损害赔偿基金制度的有关规定，从法规层面上有力地推动我国油污损害赔偿机制的建立。作为赔偿的前提，污染损害评估工作将为污染损害赔偿提供合理化、规范化、程序化、快速化的技术支撑，意义重大。

第二节 船舶油污损害评估国内外概况

一、船舶油污损害赔偿立法国内外概况

1. 国际船舶油污损害赔偿立法

1967 年，在英、法海峡发生的震惊世界的 TORREY CANYON 油轮溢油污染事故，损失惨重。此后，1969 年和 1971 年，国际海事组织（简称 IMO）分别通过了《1969 年国际

油污损害民事责任公约》（简称 CLC1969）和《1971 年国际设立油污损害赔偿基金公约》（简称 FUND1971）。这两个公约的生效实施，形成了一套以船东、油类货主共同承担船舶油污风险和责任为原则的较为完整的国际船舶油污损害赔偿机制。

1992 年，IMO 适时地通过了上述两个公约的议定书，分别称为《1992 年国际油污损害民事责任公约》（简称 CLC1992）和《1992 年设立国际油污损害赔偿基金公约》（简称 FUND1992），这两个公约于 1996 年 5 月 30 日生效。我国于 1999 年 1 月 5 日加入了 CLC1992 和 FUND1992，于 2000 年 1 月 5 日对我国生效，但后者仅适用于香港特别行政区。

2003 年，IMO 通过了《建立国际油污赔偿补充基金的议定书》（FUND2003 补充基金），建立了对油轮油污染事故的第三层赔偿机制。

到 2009 年 12 月 21 日，已有 122 个国家加入了 CLC1992，104 个国家加入了 FUND1992，26 个国家加入了 FUND2003 补充基金。

适用于非运输油类的船舶燃油污染损害赔偿的《国际燃油污染损害民事责任公约》（简称《国际燃油公约》），于 2001 年 3 月 23 日通过，2008 年 11 月 21 日生效，我国已加入该公约，并于 2009 年 3 月 19 日生效。

1978 年，由 FUND1992 缔约国建立了全球性的政府间的实体组织——1992 年国际油污赔偿基金（简称 IOPC FUND），它是基金的管理机构，具体处理在缔约国发生油污事故索赔的执行机构。

2. 国内船舶油污损害赔偿立法

我国已相继加入了 CLCI969 及其 1992 年议定书，FUND1971 及其 1992 年议定书（仅在香港地区适用）以及《国际燃油公约》。国内立法方面，目前我国还没有专门的关于船舶污染损害责任与赔偿的立法，相关规定散见于《民法通则》、《环境保护法》、《海洋环境保护法》、《海商法》、《海事诉讼特别程序法》、《防治船舶污染海洋环境管理条例》等法律法规的一些原则性规定中。我国在短期内不会将已加入的 FUND1992 的适用范围扩大至全国。2010 年 3 月实施的《中华人民共和国防治船舶污染海洋环境管理条例》有力地推动了船舶油污损害赔偿机制的实质性建设，研究制定的一系列配套文件，如《船舶油污损害赔偿民事责任保险管理办法》、《船舶油污损害赔偿基金征收和使用管理办法》将陆续修改完善，颁布实施，从而建立起与国际油污赔偿机制基本接轨的，有中国特色的国内船舶油污损害评估赔偿机制。

2011 年，最高人民法院出台了船舶油污损害赔偿方面的司法解释，主要规定了适用范围、案件管辖、油污责任、赔偿范围与损失认定、船舶优先权、油污责任限制及债权登记与受偿、油污索赔代位受偿权等方面的内容。

二、船舶污染损害评估国内外概况

1. 清污和预防措施评估

（1）国外概况

目前，国际上统一的针对清污措施的合理性评估技术与方法尚未见报道。IOPC FUND 制定的适用于船舶油污损害的《索赔手册》规定了合理性措施应满足以下三个方面：应急响应措施应能预防或减轻污染损害；发生的费用或损失是恰当的（即符合当地标准）；有科学的证据。重大溢油事故，清污行动合理性评判由权威机构所聘用的专家给出。

加拿大海岸警卫队（CCG）为确定因船舶油污和海上污染事件引起的应急响应和国家所应支付的全部成本，颁布了一套清晰而简明的规则，2009年12月颁布了第4版《船舶油污和海上污染响应成本核算原则和证明文件标准》。该标准概述了成本核算和行政管理的基本原则，在估算船舶油污和海上污染事件的成本，以及执行有关通过成本要素（例如船舶、污染治理设备等）列明成本变化和文件要求的特殊规定时，必须遵守的基本原则。

重要的是，污染事件的总成本通常超出响应和预防措施的成本。该手册仅规定了成本计算的指导方针。主要包括以下4部分内容：

①成本计算的一般原则。在该部分中主要给出完全成本、直接成本、间接成本、折旧、自然损耗、资本成本、员工福利计划（EBP）中雇主所承担部分、行政管理、货物和服务税/协调销售税/省销售税的计算原则。

②证明文件的一般标准。

③基于成本要素的成本计算和证明文件。在该部分中给出以下13方面的原则和证明文件要求：材料和供给、合同服务、差旅、全职职工工资、加班费、其他津贴、临时员工工资、船舶成本、船舶动力燃油、飞机成本、污染治理设备、车辆成本、行政管理。

④诉讼索赔行政管理。

（2）国内现状

中国海事局烟台溢油应急技术中心首次开展了清污效果评估。该评估是通过对溢油应急反应行动采取的具体措施是否合理得当，是否达到经济有效地清除溢油进行的专业评估，从而为今后的清污行动提供宝贵经验教训。为做到科学有效地评估清污效果，保持完整的原始记录非常重要，包括事故后溢油现场、清污行动结束后现场的图像资料、各个清污行动小组、指挥协调机构的行动记录等，必要时，应聘请专职的清污机构或专家参与事故的应急行动中，专门记录和评估清污效果，对清污行动中发现的无效果行为，可当场指出，提出改进建议，该专家作为相对独立的第三人，可在完成清污行动后，由其编写清污效果评估报告。

清污效果评估报告包括如下主要内容：①事故概况、气象海况；②事故环境敏感资源分布情况；③污染物的数量及特性；④应急处置的过程；⑤清污技术使用评估；⑥组织协调的评估；⑦存在的问题和建议。

2. 渔业损失评估

渔业损失是捕捞业、养殖业、水产品加工业和天然渔业资源损失的统称，渔业生产损失则仅包括捕捞业、养殖业和水产品加工业损失。

（1）渔业损失评估国外概况

IOPC FUND根据渔业生产索赔与评估的复杂性，总结了多年的实践经验，结合一些发展中国家在发生溢油事故后，常常缺少或没有可以证明他们日常收入水平的证明材料的实际情况，于2009年发布了两个导则。一个是用于指导索赔者如何提出索赔的导则：《渔场、养殖业和水产加工业提交索赔指南》和指导评审员开展渔业生产损失评估的《渔业生产索赔评估技术导则》。

在《渔场、养殖业和水产加工业提交索赔指南》中，指出了申请人的适合条件，溢油污染发生后渔民应该做什么，补偿包括哪些损失，什么样的申请可以获得补偿，什么时候提出申请，如何提出申请，需要提供怎样的信息，如何解决没有详细记录或者证据的问题。

在《渔业生产索赔评估技术导则》中，针对渔业生产损失给出了总体损失评估和个体索赔评估两个阶段的评估方法。同时，导则将评估渔业生产损失的主要经济指标分解为：收益、可变成本、固定成本、利润和价值增值、投资成本等，分别给出了捕捞业、水产养殖业、水产加工业的计算模型。

《索赔手册》中没有明确规定天然渔业资源损失的索赔。国际油污赔偿基金在 1975—1995 年共处理了 82 起船舶油污事故，没有一起赔偿天然渔业资源损失的。

（2）渔业损失评估与评估国内概况

我国沿海地区的水产养殖及渔业捕捞以个体养殖户及渔民为主，基本上是家庭式作业。由于传统习惯和法律保护意识不足等原因，这些人在购置种苗、饵料、设备时往往不注意单据的索取和保存，因此渔民成功索赔的案例较少。

国内针对溢油事故对渔业的损害评估主要依据农业部发布的《渔业水域污染事故调查处理规定》（农业部 1997 年 3 月 26 日）、《水域污染事故渔业损失计算方法规定》（农业部 1996 年 10 月 8 日），《渔业污染事故经济损失计算方法》（GB/T 21678—2008）进行。

《水域污染事故渔业损失计算方法规定》的文件，主要规定了污染事故渔业损失量的计算方法和污染事故经济损失量的计算方法，前者又分为围捕统计法、调查估算法、统计推算法和专家评估法；后者分为直接经济损失额的计算和天然渔业资源经济损失额的计算。

在污染事故经济损失计算方法方面列出了直接经济损失额的计算和天然渔业资源经济损失额的计算两方面的方法。

就渔业资源损失评估方法，根据可收集的数据不同，规定了直接计算法、比较法、定点采捕法、围捕统计法、统计推算法、调查统计法、模拟实验法、生产效应法、生产统计法、专家评估法、鱼卵仔稚鱼评估法 11 种评估方法，比 1996 年的《水域污染事故渔业损失计算方法规定》中提出的 4 种方法增加了 7 种，且方法更加具体，对调查、监测或统计都有一定的指导作用。

就渔业污染事故渔业经济损失评估部分，规定了直接经济损失计算方法、鱼卵仔稚鱼经济损失计算方法和天然渔业资源损失恢复费用的估算 3 种方法。

该标准适用于渔业水域受外源污染导致天然渔业资源、渔业养殖生物和渔业生产（特指捕捞业）受损造成的经济损失评估。

应该指出，该标准沿用我国《渔业水域污染事故调查处理规定》中的基本概念，与国际上通用的《索赔手册》完全不同，没有将渔业损失分解为渔业生产损失和天然渔业资源损失两个分属于经济损失范畴和环境损失范畴的截然不同的两部分，使得在船舶溢油事故赔偿过程中，"中长期渔业损失"之争议长期没有得到解决。根据国家科技支撑计划课题《水上溢油事故应急处理技术》（2006BAC11B03）的研究成果认为，渔业生产损失属于"经济损失"范畴，在提供相关证据的前提下，是能够索赔的；而天然渔业资源损失属于"环境损害"的范畴，其赔偿仅限于"已经采取和将要采取的合理恢复措施的费用"。

在司法实践中，以"闽燃供 2"轮海洋环境污染案（通常简称"3·24"事故）为例。原告和被告为维护自己的权益，都需要分别委托有资质的机构，作出评估或鉴定。原告广东省海洋与水产厅为向被告索赔，委托广东省海洋与渔业环境监测中心对海洋渔业损失进行鉴定，该中心作出了《"闽燃供 2"油轮漏油事故造成渔业损失的调查报告》；中国科学院南海海洋研究所受珠海市环境保护局委托，与珠海市环境监测站、珠海市环境科学研究所一道，对事故给珠海市近岸区环境造成的影响进行调查，并于 1999 年 5 月联合制作，《珠江口"3·24"重大溢油事故珠海市近岸区环境影响评估报告》；而国家海洋局南海环境监测中心受被告福建某公司委托，也对事故进行了调查，并于 1999 年 8 月制作了《"闽燃供"2 轮沉船漏油环境影响调查及分析报告》。在 3 份报告中，《"闽燃供 2"油轮漏油事故造成渔业损失的调查报告》认为本次漏油事故造成水产养殖业、渔业资源的经济损失额共 3 748 万元。其中水产养殖业损失 2 688 万元、天然水产品直接经济损失 265 万元、天然渔业资源损失 795 万元。《珠江口"3·24"重大溢油事故珠海市近岸区环境影响评估报告》认为本次事故影响水产养殖和渔业资源的直接经济损失约 6 879 万元，但估计本次事故对海洋生态环境造成的影响仅在短期内比较严重，对中长期损失没有作出结论。《"闽燃供"2 轮沉船漏油环境影响调查及分析报告》只是对环境影响调查及现状进行了分析，说明受油污染海域的环境质量从 4 月底至 7 月份已逐渐恢复正常，而对经济损失没有作出价值判断。很明显，3 份报告对天然水产品直接经济损失、天然渔业资源损失（实践中常称的中长期损失）认定不一。

毋庸置疑，在船舶污染案件中，对天然渔业资源进行评估是一个重要的环节。出于各自利益的考虑，原告、被告常常分别委托不同机构做评估。其结果是，由于几份评估报告中内容和结论不一致，给法院质证、认证工作带来了难度，而且也使双方当事人支付了不少的评估费等。

总之，由于缺乏与国际接轨的、科学、合理、统一的天然渔业资源损失评估的方法和标准，造成了很大的争议，此种局面急需改善。

3. 环境损害评估国内外概况

（1）环境损害评估

IOPC FUND 颁布的《索赔手册》中规定的赔偿范围中关于环境损害的赔偿只承认可以货币量化的环境损害的索赔，不支持"理论模型计算的抽象量化值"。但美国没有加入 CLC1992 和 1992FUND，而是建立了自己的《美国 1990 年油污法》，美国对环境损害的评估接受使用理论模型计算的结果，形成了两种截然不同的油污损害评估赔偿体制。

①美国环境损害评估。《美国 1990 年油污法》（以下简称 OPA），不仅对船东的油污损害赔偿严格的责任限制大大高于国际公约，而且还规定了船东不能免责的许多"除外条款"。基于此，美国对环境损害的评估接受使用理论模型计算的结果。因此，采用模型计算的方法，在美国发展得较快。

1996 年美国几个研究部门联合开发了自然资源损害评估指导文件（Guidance Document for Natural Resource Damage Assessment, Under the Oil Pollution Act of 1990）（简称 NRDA）。1995 年初，美国国家海洋与大气管理局（NOAA）开始使用生境等价分析技术（HEA），并将其应用于船舶搁浅处、溢油事故发生处和有害废料排放处等。该法是指通过生境恢复项目提供另外同种类型的资源，用于补偿公众的生境资源损失。

美国的 NOAA 出版了 NRDA 系列导则，对损害评估及恢复措施进行了总结和归纳。其中"损害"是指对自然资源服务及功能产生的可见的或可测量的有害影响，可分为直接损害和间接损害两种。在 OPA 中，损害指的是对生物，非活性自然资源（包括休闲用沙滩），以及服务功能的负面影响。损害具体表现为毁灭、损失和效用损失。其"损害评估"是对所有这些损害的进行评估，并对其相应的恢复措施进行了详细的案例介绍和总结。

②国际油污赔偿体制下的环境损害评估。《索赔手册》中规定的赔偿范围中，对环境损害的赔偿，被定义为："除这种损害所造成的利润损失外，应限于实际采取的或将要采取的合理恢复措施的费用。"原则上只承认可以货币量化的环境损害的索赔，不支持"理论模型计算的抽象量化值"。

多数情况下，由于海洋有很强的自我修复能力，溢油不会造成对海洋环境的永久性损害。但是，在一些情况下，溢油后可以通过采取恢复措施来加快自然环境的修复。这些措施的费用在一定情况下可以获得赔偿。

事实上，从生态学上讲，没有办法将损害恢复到像没有溢油事件发生一样，所采取的任何合理措施都是为了恢复建立一个通常意义的生物环境。只要能证明该措施真正有利于恢复环境损害，就可以被接受。

2009 年，国际海事组织（IMO）和联合国环境规划署（UNEP）联合颁布了《海上溢油环境损害重建与评估指南》（IMO/UNEP Guidance Manual on the Assessment and Restoration of Environmental Damage Following Marine Oil Spills）。该指南的目的在于为海洋污染事件的损害评价和海洋环境的后续恢复工作提供战略性指导，包括重建受损环境的技术和改进措施，以及这些技术和措施的使用标准，以确保这些技术和措施可以成功恢复受损环境。还对一些案例进行了分析，以阐明溢油事故发生后采取的调查措施，并为受损环境的重建工作提供借鉴。

这一思路更加符合 CLC1992 和 FUND1992 的思路，将有可能被 IOPC FUND 所采纳。

（2）环境损害评估国内概况

国内海洋界专家在 2002 年 11 月发生"塔斯曼海"轮事故以来，对海洋溢油生态损害评估的理论、方法进行了较为深入的研究，编写并出版了《海洋溢油生态损害评估的理论、方法及案例研究》一书。该书主要参考了美国的环境损害评估理论、方法与实践，针对"塔斯曼海"轮事故的海洋生态损害开展了环境容量价值损失评估、海洋生态服务功能损失价值估算、生境恢复费用估算和受损经济生物补充费用估算等。

基于"塔斯曼海"轮事故的索赔实践，国家海洋局还编制出版了行业标准 HY/T 095—2007《海洋溢油生态损害评估技术导则》。该评估技术导则对海洋环境与生态评估主要采用了恢复费用法、替代法等，并把赔偿设定为海洋环境与生态直接损失和恢复海洋环境与生态所需要的费用两部分。

大连海事大学提出油污损害赔偿评估的多指标模糊类比分析方法，为海上船舶溢油事故造成损害的索赔与赔偿问题提供了一种新颖有效的间接评估方法。国内部分学者还提出使用直接评估法为基础，并包含水生生态损害/恢复模型的溢油损害索赔软件，在获得较为准确数据的情况下能够快速完成计算溢油危害评估。

第三节　溢油污染事故造成的环境、社会、经济影响

溢油事故污染损害影响比较复杂，主要可以分为对环境、经济和社会三大类影响。船舶溢油污染事故对环境造成的影响主要指对海洋生态系统和潮间带敏感资源（包括天然渔业资源）的影响。船舶溢油事故对经济的影响大致可以分为对渔业生产（包括捕捞业、养殖业、水产品加工业）的影响、对旅游业的影响、对航运业和沿岸工业的影响等几方面。另外，重大溢油事故对于由上述产业构成的产业链构成间接影响。船舶溢油事故对社会的影响则比较复杂，一起重大溢油事故对社会的影响将是巨大的和长期的。最主要的影响包括对人群健康的影响，其次也会对投资环境与周边经济发展、政府信誉、市场信心在一定时期内产生不利影响（高振会等，2007）。

一、对环境的影响

狭义上讲，溢油事故造成的环境影响主要包括对海洋生态系统和潮间带敏感资源构成影响。广义上说，自然环境中的大气圈、水圈、生物圈、土壤圈、岩石圈5个自然圈都有可能受到不同程度的影响。但一般情况下，其影响非常小。

从地域范围看，不同船舶溢油污染事故造成的初始影响有很大差异，从微不足道的影响（例如溢油事故发生在远海）到引起特定生态群落的物种全部死亡。原油被红树木沼泽地圈闭，会造成红树林木及周边动物群的死亡（王志霞、刘敏燕，2008）。

1. 对海洋生态系统的影响

海洋生态系统可分为非生物成分和生物成分两大类。非生物成分由能源、气候基质和介质以及物质代谢原料组成。生物成分包括生产者、消费者和分解者。其中消费者又分为食草动物、食肉动物和杂食动物，主要包括哺乳动物、鸟类、鱼类、无脊椎动物、浮游动植物、底栖生物等（李冠国、范振刚，2004）。

哺乳动物　类鲸鱼、海豚、海豹及海狮很少受油污的影响。但海獭、中华白海豚因其生活方式及毛皮结构的不同则较为脆弱。

鸟类　使用水气界面的鸟类较为危险，特别是海雀和潜鸟类。遭受严重油污的鸟类一般会死亡。但目前尚无证据表明，任何油污事故能长期损害海鸟的数量增长，但是在某些特殊情况下，地域性很强的鸟类，其数量增长要受到油污的威胁。

鱼类　在油膜的毒害下，特别是使用溢油分散剂后，浅水海湾的鱼卵及幼鱼的死亡率会很高。成鱼一般能够游离油污。目前还没有证据表明，发生在远海的溢油事故能够严重影响到成鱼的数量。即使在许多幼鱼被毒死时，也未出现成鱼数量锐减的现象，可能因为存活的成鱼具有较高的竞争优势（能觅得更多食物，耐毒性较高）。在养鱼场遭受油污的成鱼可能会死亡，至少销路不畅。

无脊椎动物　无脊椎动物包括甲壳鱼类（软体类与甲壳类皆属此类）、各种蚯蚓、海胆、珊瑚。这些无脊椎动物如果遭受油污，死亡率会很高。相反，常常能见到藤壶、海螺、帽贝安然无恙地生活在尚有油污风化残留物的石块上。

浮游生物　目前尚未发现远海溢油事故对浮游生物造成什么严重影响。可能因为浮游

生物具有较高的繁殖率，并能在事故发生后从外部迁入受灾区域，两个因素抵消了油污造成的短期数量降低。

底栖生物　底栖生物由生活在海洋基底表面或沉积物中的各种生物所组成。石油污染后，有相当一部分污染物会渐渐沉入海底。在比较大型的底栖动物中，棘皮动物对水质的任何污浊都比较敏感（Leahy J. G. 等，1990）。

2. 对潮间带敏感资源的影响

潮间带溢油污染程度和持久性主要取决于海岸地貌和沉积物的特性。陡峭、暴露的岩石海岸易改变波能方向，避免浮油上岸。细纱海滩上的溢油易滞留在表面，可以清除掉。但有时，沙滩上的溢油可能被细沙覆盖，在海风和潮水作用下又显露出来。在卵石和粗沙海滩，溢油会随潮水水位渗透大硬质沉积物。溢油污染对大型海藻、沼泽植物、红树林、珊瑚礁的影响则非常突出（Okoh J. G. 等，2006）。

大型海藻　因为大型海藻的外表很黏，当岸上干枯的海藻叶被油污黏住后，因为超重，很容易被海浪击碎。经济类海藻一旦被污染就会失去商业价值。

沼泽植物　沼泽植物某些物种比其他物种更易受到油污的损害。根茎茁壮的多年生植物一般比年生及根须较浅的植物具有更强的耐毒性。但是，如果多年生植物（如米草）被溢油毒死，在这一地带重新生长的植物可能是年生植物（如海蓬子之类的厚岸草），因为这些年生植物在潮汐之间会散落大量种子。

红树林　红树林是生长在热带与亚热带低能海岸潮间带上部，受周期性潮水侵淹，以红树科植物为主题的常绿灌木或乔木组成的潮滩湿地木本生物群落，是具有重大生态效益与社会效益的海岸生态系统。在防浪护堤、促淤造陆、净化水质、美化环境、为包括候鸟在内的多种生物提供重要生境。它们很容易受到溢油的损害，部分原因是油膜包住"呼吸根"后会减少对地下根系的氧气供应。

珊瑚礁　珊瑚礁是热带和亚热带地区反应能力很强的生态系统，它们为许多生物（包括具有商业价值的鱼类）提供食物。珊瑚礁可起到减轻海岸侵蚀的一道屏障作用。研究表明，在油码头操作中如果长期不断地把石油溢漏到珊瑚礁区域，对珊瑚的影响包括：定殖能力下降、珊瑚生存能力下降、珊瑚大量死亡、损害生殖系统，以及引起许多其他变化。与油污的长期接触似乎比一次性接触对珊瑚的损害更大，而且长期接触油污还能使珊瑚更易遭受自然现象的损害。

3. 事故案例

案例1　1989年3月24日，美国埃克森石油公司的"埃克森·瓦尔迪兹"号油轮在美国阿拉斯加的威廉王子湾触礁搁浅3.6万t原油漏出，致使1 609 km的海岸、7 770 km^{2}海域被污染，威廉王子湾的海洋生态系统遭到了破坏，大量野生动物死亡，渔业资源受到危害，渔场被迫关闭。清除漏油的工作由于启动迟缓、地点偏僻以及地面冻结等原因而受阻。在事故发生后几天内，在该区域内有3万只海鸟以及海豹、其他哺乳动物和无数的鱼惨死。环境污染也破坏了成千上万只候鸟一年两次来阿拉斯加觅食的这块土地。损失评估认为，泄漏造成的环境损失高达30.5亿美元（Heitkamp 等，1990）。

案例2　1999年12月，37 000总吨的单壳油轮"Ericka"号在法国西南部沿海受暴风雨袭击船体断裂，溢出2.2万t原油，造成距法国布列塔尼半岛南岸约60 km处形成两大片主油膜。法国 1/3 以上的海岸线都遭受了污染。事故发生后 3 个星期内，发现了在此过冬的 2.5 万只海鸟死亡，估计死亡的海鸟在 10 万只左右。但在溢油后的 2 年内海鸟在数量上不会有减少。海胆和其他软体无脊椎动物的死亡率高，但从环境的自然变率和异种方面，以及长期人为干扰方面看，无脊椎动物的数量和群落的总体影响不明显（Obuekwe 等，2001）。

二、对经济的影响

1．对渔业生产的影响

（1）捕捞业

溢油污染带来的最严重影响是由于捕捞中断引起的经济损失。水面的油品及临时捕鱼禁令的应用，可能会影响正常的生产，或者会带来市场信心度的丧失，从而导致价格降低或海产品被买家或顾客拒绝。

捕捞业在不同的季节对溢油的敏感性也不同。此外，一些生长较快的物种，在一年内会繁殖及收获多次。溢油还有可能造成经济种群的死亡，这一般在水交换能力不足的遮蔽水域中被溢油污染所导致。

（2）养殖业

养殖的经济渔业受到溢油的更大威胁，溢油能够直接损害养殖的用具，漂浮在水面的浮动设备和固定器材也容易受溢油的污染。船舶溢油可能影响定置的水产养殖用具、网具和位于潮间带区域的贝类，溢油或受到污染的海水一旦进入养殖箱或养殖池，还会损害养殖箱或池内的水产品。由于溢油容易集中到比较遮蔽的区域，由于溢油沉积物的持久性，对养殖贝类的海底影响时间比较长。

在潮间带养殖的海藻和贝类尤其敏感，当潮水落下，它们就可能受到污染。几乎每一起溢油事故都会导致渔业的经济损失。

河口和浅水近岸水域对被吸附的溢油自然分散和稀释的能力很低。因此，溢油污染直接影响该区域的作为鱼类食物链的动物和植物，进而影响鱼类的生存繁殖。

（3）水产品加工业

溢油事故对捕捞业、养殖业的影响，必然会导致对水产品加工业的影响，乃至与此相关的食品工业链。为了防止渔具受到溢油进一步污染和维持水产品市场的信誉，政府会颁布禁捕令，禁止捕捞和收获受到污染区域的水产品。在这种情况下，渔民就会遭受经济损失，甚至导致食物短缺。

（4）渔业的财产损失

溢油事故能够直接破坏捕捞和养殖海洋生物所需的船舶和设备。在海面漂浮的设备和固定的延伸出海面的设备都很有可能被浮油污染，而水下的渔网、罐子、绳子和水底拖网也会受到溶解或沉降的油品的影响。

（5）渔业生产损失案例

1978 年，在法国布列塔尼北部发生的"Amoco Cadiz"号油轮溢油事故，溢漏 22.1 万 t 轻质中东原油。造成几吨的岩鱼（如濑鱼）和玉筋鱼死亡。1 年龄种群的鲽鱼和鳎鱼，在污染最严重的区域消失。河口及海湾底栖鱼的繁殖和生长受到干扰；两年后鲽鱼的组织病理学变异仍很明显。

1989 年 3 月，Exxon Valdez 油轮在阿拉斯加发生溢油，大量物种和生态系统受到影响。1989 年 4 月关闭海峡的青鱼养殖基地，以免养殖场及养殖用具受到溢油污染。整理水产业统计数据发现，一是在这次溢油事故中没有发现成年青鱼死亡，溢油不久成年青鱼开始产卵，这些卵极易遭受溢油影响，值得庆幸的是大量的卵位于未受溢油影响的区域，1990 年青鱼产量良好，因溢油于 1989 年颁布的禁止捕鱼令所带来得损失也得到了补偿。然而，1993—1995 年青鱼产量很低，又导致禁止使用大拖网捕鱼，由此可见，长期捕鱼循环带来的产量减少比溢油造成的延时影响要严重。二是粉红色大麻哈鱼的 1990—1991 年的产量没有明显减少。1990 年 8 月捕获的鱼苗正是由溢油期间或之前产卵生长的，经过 15～16 个月的生长而成，这种大麻哈鱼与其他鱼类不同，这种鱼通常在河口或小的淡水小溪的砾石缝内产卵，鱼苗在近岸的浅水区域生长，更接近溢油污染区域，但是，在 1989 年 4—6 月海峡内数百万个这样的鱼苗生长处所免于溢油污染。尽管作了一些研究，但仍然不清楚有多少刚诞生的幼鱼和鱼苗被溢油致死，如果确实大量幼鱼和鱼苗死亡，那么，其他因素将非常有利于剩余的鱼苗和幼鱼的成长，溢油后，晴朗的天气条件促使大量的浮游生物繁殖生长，这些浮游生物给鱼苗提供了充足的食物链，而溢油致死大量的潜水捕鱼鸟类，1992—1993 年大麻哈鱼的产量比预期的降低，在这之后，浮游生物、鱼苗和鸟类形成新的食物链平衡，大麻哈鱼的产量于 1994 年恢复。

这些情况表明，自然因素和人为因素对水产养殖和渔业的影响是非常复杂的，很难判断溢油对水产养殖和渔业所带来的确切影响。

2．对旅游业的影响

很多溢油事故经常污染沿岸旅游区，从而对海浴、游泳、划船、钓鱼、潜水等娱乐活动造成影响。游客一旦意识到该海域已经被污染，会离开污染区域，旅馆、餐厅的经营人等靠当地旅游业为生的人就会遭受暂时的损失。溢油事故对岸线和人类娱乐活动的影响本是非常短暂的，即使将溢油污染完全清除后，要恢复人们的观光旅游信心是非常困难的。如果溢油发生在旅游季节之前或当中，那么造成的损失会更大。但是一旦溢油清除之后，这种影响将是短期的，娱乐活动不久便可恢复正常。

溢油对沿岸观光旅游活动的影响。溢油事故对岸线活动的影响并不仅仅局限于溢油的性质，而取决于许多因素。比如偏远地区的岸线与具有旅游价值、人类活动频繁的岸线受人们重视程度不同。

案例　1999 年 3 月 24 日，"东海 209"轮、"闽燃供 2"轮在伶仃水道发生碰撞。碰撞造成"闽燃供 2"船体受损后座底沉没，溢出重油 589.7 t，珠海、深圳、中山、金星门、淇澳岛等 300 多 km^2 海域及 55 km 岸线遭到污染。受污染沙滩上的油污平均厚度达 10 多 cm，部分地区深达 20～30 cm。珠海市著名的旅游风景区、海滨浴场、情侣北路岸线，到处沾满油污，美丽的珠海市容惨遭严重侵害。尽管当地政府组织 2 000 多人，调用大量设备清污 20 多天，但部分污染依然难以清除，溢油事故给当地造成直接经济损失 4 000 多万元。该轮所载 180# 重油泄漏，造成珠海市部分水域及海岸带污染。

3. 对港口码头、航运业和沿岸工业的影响

（1）对港口码头、航运业的影响

发生在港口附近海域的大型溢油，对人类的各种活动和资源可能产生深远的影响。航运业主要包括港口和码头经营人、水上运输企业及与其相关的企业。其中涉及到商船及货物装卸作业，船舶制造与维修，渡船服务等。船厂、港口、海港等沿岸行业的正常运营也会受到溢油和清除作业的影响。在一些大的港口，这种潜在、严重的经济后果是巨大的，因为，溢油应急反应期间采取的措施和清污作业本身都可能产生与之相关的许多间接费用。

溢油发生时，应首先考虑人员和船舶的安全。溢油发生在某些限制区域内，会加大初始火灾或爆炸的危险。立即向公众和船舶发出警报，并采取必要措施，减小潜在的安全隐患，可能带来很高的经济费用。受污染的区域可能需要关闭或暂时限制船只、车辆和人员进出。限制或禁止诸如焊接、切割或其他可能产生火花的操作，会影响港口的正常运营，其结果，可能会带来比船舶碰撞、爆炸、火灾、货物损失更大的间接损失。

（2）对沿岸工业的影响

溢油事故会对依赖海水进行日常营运的行业造成不利影响。沿岸工业主要包括海水淡化工厂、制盐厂、发电站以及依靠水源进行生产或冷却的类似作业的工厂等。发电站和海水淡化厂都需要吸取大量的海水，所以会受到很大的威胁，特别是当其取水口靠近水面的时候，将很有可能会吸取到漂浮的溢油。

案例　1999年12月12日，Erika油轮在法国西北部布列塔尼半岛附近的海域因遭遇风暴断裂成两截，沉入大海。船上运载的2.2万多t重油泄入海中，造成法国历史上最严重的海上石油泄漏污染事故。当地渔业、旅游业、制盐业等产业遭受沉重打击。据估计，这场灾难造成的损失大约为4.75亿美元。被告须支付约2.85亿美元的赔偿金。

三、对社会的影响

一起重大溢油事故对社会的影响将是巨大的和长期的。首先，包括对人群健康的影响；其次，给居住在溢油事故附近人们的生活和生计带来创伤；再次，还会对政府信誉在一定时期内产生某些不利影响。

1. 溢油对健康的影响和人们生活质量的影响

油品中含有致癌物质，当海产品受到油品污染时，海产品中也将含有一定的致癌物质。大部分研究表明，由于溢油而带来的海产品中多环芳烃污染对公众的健康不具有很显著的威胁。此外，海产品还会有其他的污染，比如重金属、海藻毒素、致病的细菌和病毒。

2. 给人们的生活和生计带来损害

对于以渔业为支柱产业的地区，会导致大量渔民失业，人们的生计都有可能遭到影响，从而引发社会不稳定因素。

3. 对政府信誉的影响

一起重大溢油事故的发生，需要政府启动级别不等的应急预案，积极缜密的组织，及时采取有效的清污行动，这些对于维护政府信誉是十分重要的。当采取的预防和清污行动不及时或行动不利时，将扩大事故影响的范围和程度，也给事故发生地的政府部门的信誉

带来严重的不利影响。

例如，"埃克森·瓦尔迪兹号"清除漏油的工作由于启动迟缓、地点偏僻以及地面冻结等原因而受阻，清污费高达 25 亿美元。"河北精神号事故"的清污行动由于政府机构的职责不清受到影响，致使政府信誉大打折扣。

第四节　国际船舶溢油污染事故统计与原因分析

一、全球船舶溢油污染事故历年发生起数统计

根据国际油轮船东防污染联合协会的统计资料，1970—2009 年全球共发生 700 t 以上的油轮溢油事故 458 起，7～700 t 溢油事故 1 321 起，详细统计见表 1-1。

表 1-1　1970—2009 年 7 t 及以上溢油事故统计　　　　　　单位：次

年份	7～700 t	700 t 以上	年份	7～700 t	700 t 以上
1970	7	29	1990	50	14
1971	18	14	1991	30	7
1972	48	27	1992	31	10
1973	28	32	1993	31	11
1974	89	28	1994	26	9
1975	96	23	1995	20	3
1976	67	27	1996	20	3
1977	68	17	1997	28	10
1978	59	21	1998	26	6
1979	60	35	1999	20	6
1980	52	13	2000	20	4
1981	54	7	2001	17	3
1982	45	4	2002	13	3
1983	52	13	2003	15	4
1984	26	8	2004	16	5
1985	31	8	2005	22	4
1986	28	7	2006	13	5
1987	27	10	2007	13	4
1988	11	10	2008	8	1
1989	33	13	2009	3	0

7 t 以上溢油事故每年事故起数统计见图 1-1，7 t 以上溢油事故每 10 年事故起数统计见图 1-2。

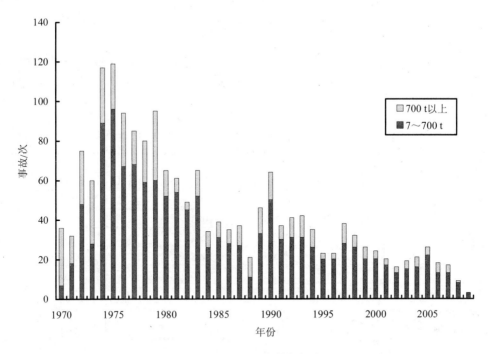

图 1-1 7 t 以上溢油事故每年统计

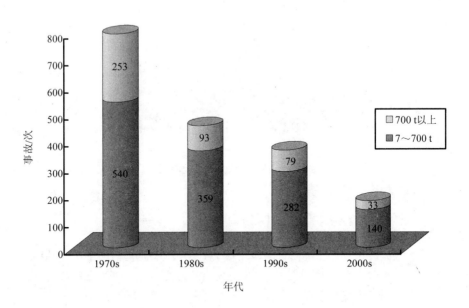

图 1-2 7 t 以上溢油事故每 10 年统计

根据统计数据可以看出，在过去 40 年间，7 t 及以上溢油事故呈逐年下降趋势，2000—2009 年，700 t 以上溢油事故平均每年约 3 起，约为 1990—1999 年平均值的 1/2，约为 1970—1979 年平均值的 1/8；2000—2009 年，7～700 t 溢油事故约为 1990—1999 年的 1/2，约为 1970—1979 年的 1/4。

二、全球船舶溢油污染事故历年溢油量统计

1970—2009 年，共有约 565 万 t 油轮溢油泄漏入海，根据统计数据，可以看出自 1970 年以后，每 10 年的溢油量呈总体下降趋势，见表 1-2 和图 1-3。

表 1-2 1970—2009 年船舶溢油量统计 单位：万 t

年份	溢油量	年份	溢油量	年份	溢油量	年份	溢油量
1970	33	1980	20.6	1990	6.1	2000	1.4
1971	13.8	1981	4.8	1991	43	2001	0.8
1972	29.7	1982	1.2	1992	16.7	2002	6.7
1973	16.4	1983	38.4	1993	14	2003	4.2
1974	17.4	1984	2.9	1994	13	2004	1.5
1975	35.5	1985	8.5	1995	1.2	2005	1.8
1976	39.8	1986	1.9	1996	8	2006	2.3
1977	29.1	1987	3	1997	7.2	2007	1.8
1978	35.2	1988	19	1998	1.5	2008	0.2
1979	64.1	1989	17.4	1999	2.9	2009	0.01
70 年代合计	314	80 年代合计	117.7	90 年代合计	113.6	20 世纪前 10 年合计	20.7

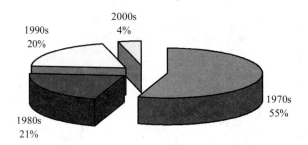

图 1-3 每 10 年船舶溢油量所占比例

三、全球溢油事故不同等级的事故原因统计

为了掌握船舶溢油事故与船舶行为之间的关系，国际油轮船东防污染联合协会对不同等级的船舶溢油事故进行了统计分析，船舶溢油分为操作性溢油与事故溢油两种，对原因不明或因其他原因导致的溢油事故单独列出，具体统计数据见表 1-3。

表 1-3 溢油事故原因统计 单位：次

事故原因	<7 t	7~700 t	>700 t	总计
操作性溢油				
装卸作业	3 155	383	36	3 574
加装燃油	560	32	0	593

事故原因	＜7 t	7～700 t	＞700 t	总计
其他作业	1 221	62	5	1 305
事故溢油				
碰　撞	176	334	129	640
搁　浅	236	265	161	662
船体损坏	205	57	55	316
设备故障	206	39	4	249
火灾/爆炸	87	33	32	152
其他/原因不明	1 983	44	22	2 049
总　计	7 829	1 249	444	9 522

注：小于 7 t 事故的统计时段为 1974—2009 年，其余为 1970—2009 年。

　　不同等级的事故所占比例，见图 1-4，7 t 以下溢油事故原因分析见图 1-5，7～700 t 溢油事故原因分析见图 1-6，700 t 以上溢油事故原因分析见图 1-7。根据统计数据可以看出，船舶溢油事故主要以 7 t 以下溢油事故为主，从事故起数来看，约占总数的 82%；7 t 以下溢油事故以操作性作业为主，如装卸作业、加装燃油等；7～700 t 溢油事故以事故性溢油为主，如碰撞、搁浅等，但操作性溢油仍占有较大比例；700 t 以上溢油事故主要为事故性溢油。

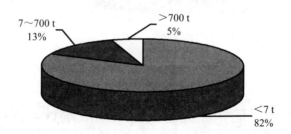

图 1-4　溢油事故等级

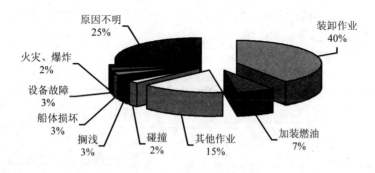

图 1-5　7 t 以下溢油事故原因

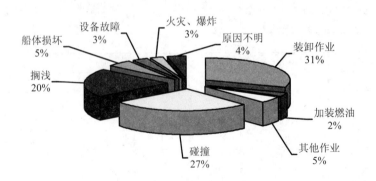

图 1-6 7～700 t 溢油事故原因

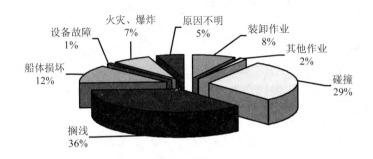

图 1-7 700 t 以上溢油事故原因

第五节 国内船舶溢油污染事故统计与原因分析

一、全国 1998—2009 年船舶溢油污染事故历年发生起数统计

根据 1998—2009 年统计资料，我国共发生船舶污染事故 804 起，其中 10 t 以下事故 732 起，10～50 t 事故 33 起，50 t 以上事故 39 起。

表 1-4 船舶污染事故起数统计

年份	10 t 以下		10～50 t		50 t 以上		总次数/次	总溢油量/t
	次数/次	溢油量/t	次数/次	溢油量/t	次数/次	溢油量/t		
1998	16	28.02	3	79.7	2	322	21	429.72
1999	16	30.55	3	69.8	2	1 089.71	21	1 190.06
2000	45	18.52	2	59.06	1	75	48	152.58
2001	54	24.67	1	20	4	1 353	59	1 397.67
2002	42	26.19	4	92	6	1 816.04	52	1 934.23
2003	118	26	1	20	4	1 215	123	1 261
2004	13	42.07	5	135	2	1 618	20	1 795.07

年份	10 t以下		10～50 t		50 t以上		总次数/次	总溢油量/t
	次数/次	溢油量/t	次数/次	溢油量/t	次数/次	溢油量/t		
2005	121	106.85	3	88	5	1 521	129	1 715.85
2006	95	99.85	1	16	3	728	99	843.85
2007	28	172.59	5	135.58	5	589.83	38	898
2008	105	47.58	4	104.3	0	0	109	151.88
2009	79	63.18	1	15	5	1 171.65	85	1 249.83
合计	732	686.07	33	834.44	39	11 499.23	804	13 019.74

  根据统计数据可以看出，我国 1998—2009 年，船舶污染事故以 10 t 以下溢油事故为主，事故起数占总数的 91%，10～50 t 事故约占总数的 4%，50 t 以上事故约占总数的 5%，见图 1-8。1998—2009 年，我国 10 t 以上船舶污染事故总体趋势比较平稳，各年 10 t 以上溢油事故发生起数示意图见图 1-9。

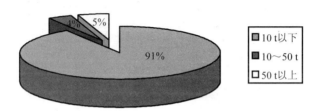

图 1-8　全国溢油事故不同等级发生起数比例

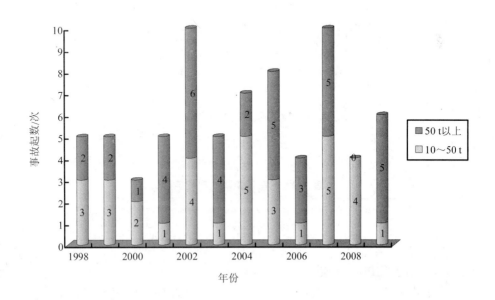

图 1-9　10 t 以上溢油事故发生起数统计

二、全国 1998—2009 年船舶事故溢油量统计

影响溢油量的主要为 50 t 以上的溢油事故，约占溢油总量的 89%，不同等级溢油事故占溢油量的比例见图 1-10。每年船舶溢油量变化见图 1-11。

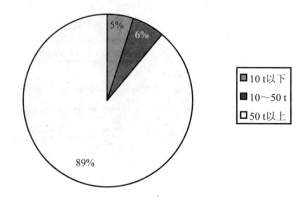

图 1-10　不同等级溢油事故占溢油量的比例

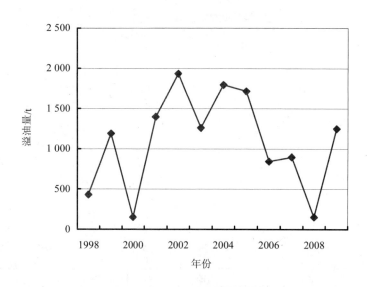

图 1-11　每年船舶溢油量变化

三、全国 1973—2009 年 50 t 以上溢油事故统计分析

1. 全国 1973—2009 年 50 t 以上溢油事故

50 t 以上溢油事故占溢油总量的绝大多数，因此有必要对该类事故进行溢油事故发生的起数、溢油量和事故原因进行统计，分析其发展趋势，以便采取有针对性的措施。1973—2009 年 50 t 以上船舶溢油事故统计表见表 1-5。

表1-5　1973—2009年50t以上船舶溢油事故统计表

序号	时间	船名	船舶类型	溢油量/t	油种	事故原因
1	1973.11	大庆36	油轮	1 400	原油	碰撞
2	1974.9	大庆31	油轮	895	原油	触礁
3	1975.2	亚洲飞鹅	货轮	128	燃油	搁浅
4	1975.6	大庆38	油轮	100	原油	碰撞
5	1976.2	碧洋丸	货轮	200	燃油	碰撞
6	1976.2	南洋	油轮	8 000	原油	碰撞
7	1976.6	洪湖	油轮	330	原油	碰撞
8	1977.5	海洋丰收	油轮	350	重燃油	碰撞
9	1978.1	雅典地平线	油轮	1 400	豆油	船底裂溢油
10	1978.4	大庆412	油轮	655	0号柴油	未关海底阀
11	1978.7	沪航油1/大庆401	油轮	178	桐油	碰撞
12	1979.1	阿里比奥	货轮	200	燃油	触礁
13	1979.6	赛勒斯总统	油轮	355	原油	触礁搁浅
14	1983.10	大庆236	油轮	750	原油	碰撞
15	1983.11	东方大使	油轮	3 343	原油	触礁搁浅
16	1984.4	利成	货轮	685	燃油	触礁
17	1984.5	海利	货轮	400	燃油	碰撞
18	1984.8	加翠	油轮	757	原油	触礁
19	1986.12	巴西利亚	散货船	200	重质燃油	搁浅
20	1989.8	武进3163	货轮	64	燃油	碰撞
21	1989.10	金山	货轮	300	燃油	沉没
22	1990.6	玛亚8	货轮	100	燃油	碰撞
23	1991.3	浙苍油116	油轮	200	轻柴油	碰撞
24	1991.11	燃供油驳	油驳	95	重柴油	搁浅
25	1992.9	林海1	货轮	300	燃油	沉没
26	1992.10	曼德利	集装箱	130	燃油	沉没
27	1993.2	明星河	货轮	50	燃油	修船溢油
28	1994.5	长征	客货轮	100	燃油	起火沉没
29	1994.7	普拉巴	货轮	100	燃油	碰撞
30	1994.7	康斯坦丁藏可夫	货轮	50	燃油	翻沉
31	1994.8	连油1	油轮	81	柴油	碰撞
32	1994.8	烟救油2	油轮	100	货油	搁浅
33	1995.4	安哥拉	货轮	460	燃油	船底破裂
34	1995.4	南洋2	油轮	200	燃油	碰撞
35	1995.5	防港供2	油轮	144	燃油	碰撞
36	1995.5	熊岳城	集装箱	153	燃油	碰撞
37	1995.6	亚洲希望	货船	410	燃油	触礁搁浅
38	1995.8	檀家	油轮	200	原油	碰撞码头
39	1996.1	汤根艾库	货船	150	燃油	触礁
40	1996.1	安福	油轮	632	原油	触礁
41	1996.3	中化1	油轮	900	轻柴油	与外轮碰撞

序号	时间	船名	船舶类型	溢油量/t	油种	事故原因
42	1996.5	浙普渔油 31	油驳	476	润滑油	碰撞沉没
43	1996.7	永怡/TU 1002	油驳	159	重油	碰撞
44	1997.2	海成	油轮	240	原油	海底阀未关严
45	1997.6	大庆 243	油轮	1 000	原油	爆炸起火
46	1997.8	林海 5	散矿船	100	重油	碰撞
47	1997.12	无船名	油船	50	重油	卡在桥孔里潮水上涨被压沉
48	1998.1	滨海 219	油船	120	重油	沉没
49	1998.9	上电油 1215	油船	272	重油	碰撞、沉没
50	1999.1	东涛	油船	500	凝析油	碰撞
51	1999.3	闽燃供 2	油船	589	燃油	碰撞
52	2000.11	德航 298	油轮	200	燃油	碰撞
53	2000.6	闽油 1	油船	75	柴油	碰撞
54	2001.1	隆伯 6	油船	2 500	柴油	触礁倾覆
55	2001.6	勇敢金子	货船	400	燃油	碰撞沉没
56	2001.9	运鸿	货船	90	柴油	碰撞沉没
57	2002.7	浙普渔油 98	油船	200	柴油	沉没
58	2002.10	宁清油 4	油船	900	凝析油	触礁、燃烧
59	2002.11	塔斯曼海	油船	160	轻质原油	碰撞、货油舱破裂
60	2003.1	顺星 101	油轮	670	轻柴油	碰撞
61	2003.4	浙临渔油 211	油轮	110	柴油	触礁
62	2003.5	黄鹤 70	油轮	276	柴油	碰撞
63	2003.8	长阳	货轮	85	柴油	碰撞
64	2003.11	兴通油 2	油轮	350	柴油	碰撞
65	2004.11	MSC ILONA	货轮	1 268	柴油	碰撞
66	2005.4	GG HEMIST	散化船	67	燃料油	碰撞
67	2005.4	晋太龙 2	油轮	386	石脑油	碰撞
68	2005.8	海洋皇后	集装箱船	80	柴油	碰撞
69	2005.9	朝阳平 8	油轮	185	汽油	碰撞
70	2005.9	荣耀	油轮	50	污油	操作失误
71	2006.3	华成 21	油轮	187	石脑油	触礁
72	2006.4	HYUNDAI	集装箱船	477	重燃油	触修船厂门柱
73	2006.6	青油 3	油轮	85	重柴油	碰撞
74	2007.3	山姆	化学品船/油轮	130	重燃油、柴油	搁浅
75	2007.3	恒冠 36	油轮	220		碰撞
76	2009.1	丰盛油 8	油轮	69.65	航空煤油	碰撞
77	2009.5	兴龙舟 277		132	燃油	碰撞
78	2009.9	圣狄	集装箱船	500	燃油	搁浅
79	2009.10	LOWLANDS PROSPERITY	散货船	70	燃油	碰撞
80	2009.11	ZOORIK	杂货船	400	燃油	触礁

2．每年事故起数统计

根据 1973—2009 年 50 t 以上溢油事故统计数据（见图 1-12）可以看出，我国从 1993 年以后，每年发生 50 t 以上溢油事故的次数明显增加，这是因为我国自 1993 年以后，变成石油净进口国，石油进口量逐年增加，海洋环境面临的溢油风险也逐年增加。

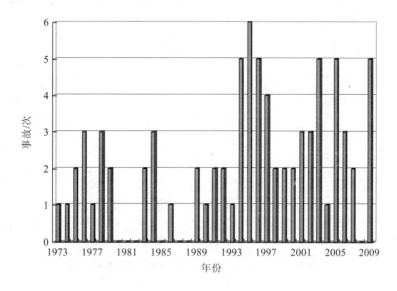

图 1-12　50 t 以上溢油事故起数统计

3．每 10 年事故起数统计

根据 20 世纪 70 年代以来每 10 年发生 50 t 以上溢油事故起数统计数据（见图 1-13）可以看出，我国自 90 年代以来，50 t 以上溢油事故起数居高不下，每年平均为 2.8 起，必须引起各级政府部门的高度重视。

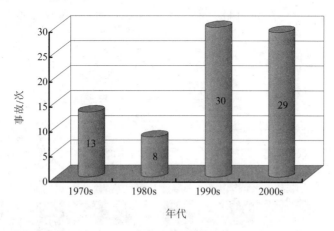

图 1-13　50 t 以上溢油事故起数每 10 年统计

4．每年溢油量统计

根据 1973—2009 年 50 t 以上溢油事故统计数据（见图 1-14）可以看出，每年溢油量变化幅度很大，说明溢油事故的发生具有随机性和偶然性。其中，1976 年"南阳轮"一起事故溢油量达到 8 000 t，是我国海域内发生的最大一起溢油事故。1983 年的东方大使号溢油事故溢油量为 3 343 t，溢油在港内油层最厚处达 0.5 m 以上，造成胶州湾及其附近海域 230 km 岸线受到污染，同时对附近 1 000 hm² 的水产养殖区及 90 万 m² 的风景旅游区和海滨浴场造成严重污染，经济损失达数千万元，损害赔偿 1 775 万元。

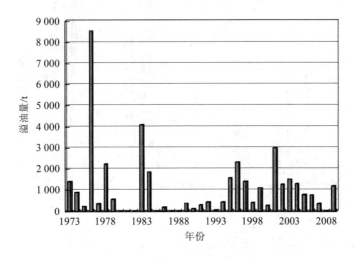

图 1-14　50 t 以上溢油事故溢油量统计

5．每 10 年溢油量统计

1973—2009 年 50 t 以上每 10 年溢油事故溢油量统计数据（见图 1-15）可以看出，每 10 年溢油量变化幅度相对较小，呈现出一定的统计学意义。近 20 年来，10 年溢油量在 8 000～10 000 t，可以预计，我国船舶运量持续增高，溢油事故风险增大，海洋环境保护形势严峻。

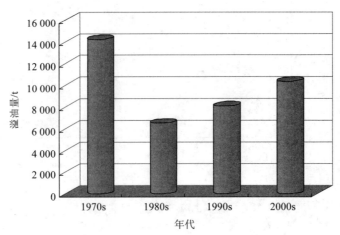

图 1-15　50 t 以上溢油事故每 10 年溢油量统计

6. 事故原因分析

根据对 1973—2009 年 50 t 以上溢油事故原因的统计分析，可以发现碰撞事故是造成溢油事故的主要原因，约占事故总数的 55%，触礁事故排第二位，约占事故总数的 17%，触碰类事故约占总数的 72%，见表 1-5、图 1-16。

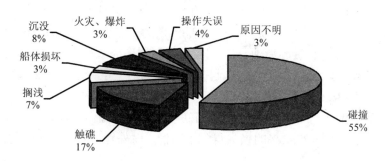

图 1-16　50 t 以上溢油事故原因统计图

第六节　我国船舶油污损害评估的发展前景

尽管国家采取了一系列措施以预防溢油事故的发生，但是，由于溢油事故的发生具有偶然性、随机性，不可能完全避免。当事故发生后，受害人的利益受到损害，必然要求获取相应的经济赔偿，科学、合理、规范、快速的溢油污染损害评估技术是提供赔偿的有力技术支撑。

一、亟待解决的问题

1. 事故风险居高不下，建立科学的船舶油污损害评估方法迫在眉睫

我国 2008 年石油进口达 2.0 亿 t，2009 年达 2.038 亿 t，居世界第二，呈持续增长态势，其中 90% 以上的石油进口是通过海运实现的。海洋环境受到相应的威胁，急需加大预防和保护力度。2007 年沿海船舶进出港 266.7 万艘次，溢油事故风险加大；1973—2007 年，我国沿海平均每 4.5 天发生一起溢油事故，其中溢油 50 t 以上的事故平均每年 2.3 起。我国正在建立船舶油污损害赔偿机制，尚未实施，目前，赔偿起数仅占 39%，赔偿金额很不充分，导致清污费用支付的困难，致使溢油往往不能及时清除，多数受害方的合法利益得不到保证。对溢油后产生的损害，"有哪些损害、损害多大、怎么赔偿"是长期争议的难题，以致影响到了司法判案的一致性和严肃性，损害了我国的国际形象。

有哪些损害主要涉及损害评估范围问题，损害多大主要涉及损害评估技术问题，怎么赔偿主要涉及损害赔偿机制问题。①

2. 船舶油污损害评估技术与方法尚待建立

无论是船舶油污损害中的清污与预防措施评估、渔业损失评估、经济损失评估还是环

---

① 本书将分别在第二章、第三章、第四章、第五章、第七章和附录 1 中给予解答。

境损害评估，目前国内外均缺乏系统的评估指标体系、评估程序、评估方法和便于快速实现的评估软件，因此，各种评估结果差异巨大，没有任何可比性，法院在采信方面也就不可避免地存在分歧。

3．油轮赔偿起数和赔偿金额严重不足

据统计，我国沿海 1973—2004 年发生的 63 起溢油量为 50 t 以上的溢油事故中，22 起事故由外轮漏油造成污染，41 起为中国籍船舶所为。从船舶类型看，63 起事故中，有 41 起为油轮溢油，22 起为货船溢油。22 起由外轮漏油造成事故中，13 起为油轮，全部获得赔偿，平均每起赔偿 828 万元。而 41 起中国籍船舶污染事件中，有 29 起为油轮，只有 11 起事故，即只有 38%得到了赔偿，且不能足额赔偿。1996—2000 年平均每起事故被确认的损失额为 896 万元，因为缺少科学的能够广泛认同的评估方法，中国籍油轮实际平均赔偿额为 246 万元，即有 27.45%的损失得到了赔偿；而外籍油轮事故平均每起赔偿额为 828 万元。

二、我国船舶溢油事故污染损害评估技术发展前景

船舶溢油事故污染损害评估技术将在我国溢油应急管理模式中起到重要作用，随着《条例》的深入贯彻落实，为了寻求公平公正地解决溢油事故责任方和受害方的利益，将有越来越多的案例寻求按照统一的、合理的、科学的方法进行评估，因此，我国船舶溢油事故污染损害评估技术将在近期掀起广泛应用的高潮。

1．在溢油应急管理模式中的重要作用

船舶溢油事故污染损害评估技术在建立我国"预防、应急和赔偿"三位一体的船舶溢油应急管理模式中具有举足轻重的地位。赔偿机制的建立是应急行动有效的经济补偿，是应急管理中不可缺少的重要环节，是保护环境的基本保障，是维护公平的有力措施。而船舶溢油事故污染损害评估技术则是建立赔偿机制的基础和前提。

2．船舶溢油事故污染损害评估技术的应用前景

溢油事故发生具有随机性，其后果具有不可预见性。据统计，在我国平均每年发生 2.3 起溢油量在 50 t 以上的溢油事故，2009 年达到了 5 起。重大溢油事故将带来不可估量的社会、经济、环境影响和损失，危害社会稳定、人群健康、造成巨大渔业损失、海洋生态环境的严重损害、旅游业损失等。一起溢油污染事故往往涉及到责任方和多家嫌疑责任方，可能涉及几十甚至成百上千个受害方。截至 2008 年 9 月 24 日，Erika 事故的索赔者达到 7 130 个，共提出 2.11 亿欧元的索赔申请，对其中 99.7%索赔申请进行了评估，共赔付 1.29 亿欧元。我国每年溢油量平均为 1 000 t，必然涉及受害方的索赔、对索赔的评估的相关事宜。

可见，评估技术在国家制定相关政策、事故处理中的责任认定、为索赔方和责任方提供科学、合理、公正评估方法等技术支持和执法方面，都将有广阔的应用前景。

3．有力地推动溢油领域的科技进步

首先，船舶溢油事故污染损害评估技术为《防治船舶污染海洋环境管理条例》的实施和油污基金相关政策的配套落实提供技术支撑。

其次，在溢油应急管理中有重要作用，可以为应急行动提供有效的支持，是保护环境

和维护公平的基本保障。

再次，溢油污染损害评估技术在构建完整溢油应急体系、履行 CLC1992、《国际燃油公约》等国际公约和实施国内法规、提升溢油应急管理能力等方面起到了重要的指导和借鉴作用。

最后，《船舶溢油事故污染损害评估导则——预防和清污费用》将成为指导交通行业和社会民间清污企业快速、规范、合理地提出损害索赔的重要指导文件。

4．研究成果在技术方面的指导意义

我国经过多年的船舶溢油事故污染损害赔偿案件的调解和司法实践，正在逐步认同国际船舶油污损害赔偿机制和原则。

2010 年 3 月 1 日起实施的《防治船舶污染海洋环境管理条例》第七章第五十六条规定：国家设立船舶油污损害赔偿基金管理委员会，负责处理船舶油污损害赔偿基金的赔偿等事务。随着《防治船舶污染海洋环境管理条例》不断深入地贯彻落实，我国油污基金管理委员会已经正式运作，配套的一系列规章制度将陆续出台。有中国特色的船舶污染损害赔偿机制将开始运行。

我国船舶溢油事故在相当长的一段时期内不可避免地长期存在，索赔、评估、赔偿的需求也将长期存在，船舶溢油事故污染损害评估技术将为船舶污染损害赔偿机制的实施提供有力的技术支撑。在实施落实《条例》第五十五条规定的"发生船舶油污事故，国家组织有关单位进行应急处置、清除污染所发生的必要费用，应当在船舶油污损害赔偿中优先受偿"中，将做出科学、合理、规范化的规定，有利于促进社会的公平与稳定。

第二章 船舶溢油事故污染损害评估指标体系

第一节 构建评估指标体系的原则、目的与思路

一、构建溢油污染损害评估指标体系的原则

1. 系统性原则

系统性指评估指标体系要能够全面完整地反映溢油事故污染损害情况，分层次系统性反映这种损害的直接和间接影响。

2. 科学性原则

溢油事故污染损害评估指标的设置和指标的结构必须科学合理，能够反映溢油事故造成污染损害的基本内涵，总体原则符合《索赔手册》，并能够结合国内实际。

3. 定量化原则

建立指标体系的目的是更加有效地采用定性和定量方法对溢油事故污染损害进行综合分析，实现溢油事故污染损害评估的定量化。因此，应将评估指标分解为可以定量的单位。

4. 可操作性原则

评估指标体系应反映溢油事故污染损害评估的全部内容，同时结合国内索赔实际情况，对指标的可操作性进行充分考虑，避免不太相关或难以定量化的指标出现，并合并类似指标，降低指标体系的复杂程度。另外，指标体系的指标设立应符合我国的实际情况。

二、构建船舶污染损害评估指标体系的目的

1. 构建与国际接轨的评估系统

评估应在国际通用的《索赔手册》的基础上，结合我国行政管理体系特点和经济赔偿的概念，最终实现对溢油事故污染损害评估的程序化、快速化、合理化，重点建立科学、合理、全面、可行的溢油事故污染损害评估系统的总体目标。

2. 实现评估的规范化和程序化

通过建立损害评估表格，便于数据的规范化录入、数据的分析和共享。并为构建溢油事故污染损害评估软件奠定基础。

3. 实现索赔的规范化

建立统一的损害评估表格，有利于规范索赔请求，也有利于海事管理机构、油污赔偿基金和法院统一评判索赔合理性的尺度，提高效率。

4．实现公平、公正服务于社会的目的

无论评估机构是为事故责任方还是受害方提供服务，均能基于此评估指标体系为评估对象提供统一、一致的船舶污染损害评估服务，这将大大减少矛盾与冲突，体现公平与公正。

三、构建评估指标体系的思路

遵从《索赔手册》所确定的赔偿原则，明确溢油事故污染损害评估范围，划分类别，细化评估内容。通过研究国内相关法律法规、国际公约以及国内溢油事故污染损害赔偿案例，结合我国行政管理的具体情况，对赔偿内容进行科学的分析归纳，形成溢油事故污染损害评估指标。再对指标系统化、层次化，最终构建损害评估指标体系。

第二节　船舶溢油污染损害评估总体指标体系

一、建立评估总体指标体系的主要依据和思考

我国先后加入《1969 年国际油污损害民事责任公约》和《1992 年国际油污损害民事责任公约》，加入的《1971 年设立国际油污损害赔偿基金公约》和《1992 年设立国际油污损害赔偿基金公约》（《1992 年基金公约》仅适用于香港特别行政区）。两个公约在赔偿原则、赔偿范围以及赔偿内容方面是一致的，仅赔偿限额和赔偿方有所不同。由 CLC1992 和 FUND1992 为主构成的国际溢油污染损害赔偿机制运行了 30 多年，已被证明是富有成效的。国际油污赔偿基金在赔偿实践中积累了大量经验，制定了《索赔手册》，对索赔加以指导。

1．赔偿原则

《索赔手册》所确定的赔偿原则有：①任何费用，损失或损害都必须已经实际发生；②任何采取措施的费用都必须合理和有根据；③任何费用，损失或损害，只有当其能被视为是由于油类泄漏而造成的污染而引起时，才能获得赔偿；④在索赔的费用、损失或损害与油类造成的污染之间存在合理的因果关系上的联系；⑤只有当索赔人有可量化的经济损失时，其才有权获得赔偿；⑥索赔人必须提供适当的文件或其他证据以证明其损失的数额。

这些原则既符合溢油污染损害赔偿的实际，又与我国经济赔偿的原则是一致的，因此，对于指导我国溢油污染损害赔偿工作，同样是适用的。

2．赔偿范围与分类

（1）范围

2008 年版《索赔手册》将赔偿范围划分为以下 6 类：清除和预防油污损害费用；财产损失；渔场、海产品养殖和水产品加工业的经济损失；旅游业经济损失；采取预防纯经济损失措施费用；环境损害以及溢油后的研究费用。

我国正在建立于国际油污赔偿机制接轨的具有中国特色的油污赔偿机制，国际上的通用做法，正在逐步被国内各界接受和认可。因此，从总体上，我国的赔偿范围与国际惯例

是一致的。

（2）分类

《索赔手册》已经历了 4 次修改，形成了 4 个版本，即：1995 年版、2000 年版、2005 年版和 2008 年版。通过对各版本《索赔手册》的对比，可以发现，自 2000 年版起，赔偿分类的划分方式由原来的按照"经济赔偿性质"如纯经济损失、相继经济损失等，转变为以"索赔行业类别"划分为主的方式，这种分类更具有针对性和可操作性。在"索赔行业类别"下，赔偿费用仍然依次主要考虑：成本支出、财产损失、纯经济损失、相继经济损失，对于环境损害的赔偿仅限于"已采取和将要采取的恢复措施"费用。

在船舶溢油事故污染损害赔偿的分类上，由于我国的实际情况不同，为有利于操作，本书提出了与《索赔手册》类似但又略有不同的分类方式。

首先，溢油事故污染损害索赔属于小概率事件，民众通常不熟悉，需要有政府部门或不同类别民间团体组织的引领。故为便于政府行政管理机构组织或指导所管辖范围内的相关索赔，将评估分类确定为：清污与预防措施费用、渔业损失、其他经济损失和环境损害四大类，而将上述各大类中均可能存在的财产损失和采取预防纯经济损失措施费用以及溢油后的研究费用包含在其中，纳入下一层级，不单独作为一类。

其次，根据《索赔手册》、每大类赔偿不同的特点与内涵以及国家科技支撑计划课题"水上溢油事故应急处理技术"（2006BAC11B03）的研究成果，对已确定的四大类作进一步分解，绘制成船舶溢油污染损害评估范围分类图，见图 2-1。

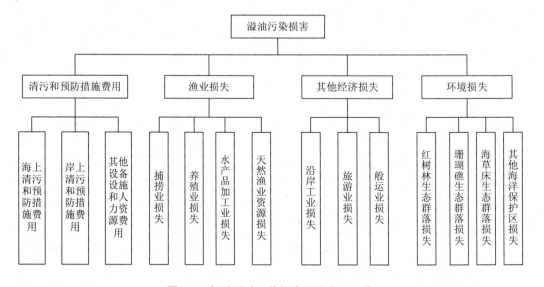

图 2-1　船舶溢油污染损害评估范围分类

清污和预防措施费用大类又分为"岸上清污、海上清污措施和其他设备设施及人力资源投入"3 个分类；渔业损失大类包括捕捞业、养殖业、水产品加工业，同时考虑到天然渔业资源在我国也同样由渔政行政管理部门负责管理，在行业分类上仍划归渔业损失[①]；

---

① 在本书中，渔业损失评估包括捕捞业、养殖业、水产品加工业和天然渔业资源损失评估 4 个分类。

其他经济损失是指除了捕捞业、养殖业、水产品加工业之外的经济损失。包括旅游业、沿岸工业和航运业 3 个分类；环境损害方面，从恢复措施的角度出发，发生溢油事故损害后，生长在我国近海沿岸，需要采取人工恢复措施的生态群落主要有：红树林生物群落、海草床生物群落、珊瑚礁生物群落和其他海洋保护区生物群落，根据《索赔手册》中的赔偿原则，在环境损害评估方面，主要分为以上 4 个分类。

3．天然渔业资源损失在评估指标体系中的定位

国际上，由于航运业属于高风险行业，船舶溢油事故的赔偿在 CLC1992 中第五条第一款中明确规定"船舶所有人有权按本公约将其对任一事件的赔偿责任限于按下列方法算出的总额：①不超过 5 000 吨位单位的船舶为 300 万计算单位；②超过此吨位的船舶，除第①项所述的数额外，每增加一吨位单位，增加 420 计算单位，但是，此总额在任何情况下不超过 5 970 万计算单位。"具体的责任限值进行过调整，但赔偿责任限制的原则一直未变。

在国内，渔业损失的赔偿实践中存在两方面的问题，一是过去多称为"渔业中长期损失"与《索赔手册》中的"捕捞业、养殖业和水产品加工业"的概念完全不同，哪些损失可以赔偿，赔偿多少的问题与矛盾凸显，虽然在《渔业污染事故经济损失计算方法》（GB/T 21678—2008）中已用"天然渔业资源恢复费用"代替"渔业中长期损失"，但仍保留了"由于渔业水域环境污染、破坏造成天然渔业资源损害，在计算经济损失时，应考虑天然渔业资源的恢复费用，原则上不低于直接经济损失额的 3 倍"的表述，此规定用于船舶溢油事故索赔时，与国际惯例之间存在矛盾。

根据对国内外相关法规和国际惯例的研究、向国际权威专家咨询以及国内几起天然渔业资源损害赔偿案例的实践已被国际专家认可的实际情况，国家科技支撑计划课题"水上溢油事故应急处理技术"（2006BAC11B03）的研究成果，明确了"天然渔业资源损失在经济赔偿性质上属于环境损害，但根据我国的行政管理体制，为便于索赔管理，按索赔行业分类将其列入渔业损失类别中。针对天然渔业资源损失所采取和即将采取的恢复措施可以得到赔偿。"

这样划分既提高了天然渔业资源损失索赔的科学性、合理性和可操作性，又保持了与国际惯例的一致性。

二、船舶溢油污染损害总体评估指标体系

1．指标体系图

在确定了以上分类的前提下，在实际开展船舶溢油污染损害索赔与评估工作中，需要利用一系列表格将评估对象按指标体系进行具体分解。为此，根据多年来我国溢油应急响应与清污与预防措施索赔、渔业损失索赔的实践经验等，建立了船舶溢油污染损害评估指标体系，见图 2-2。

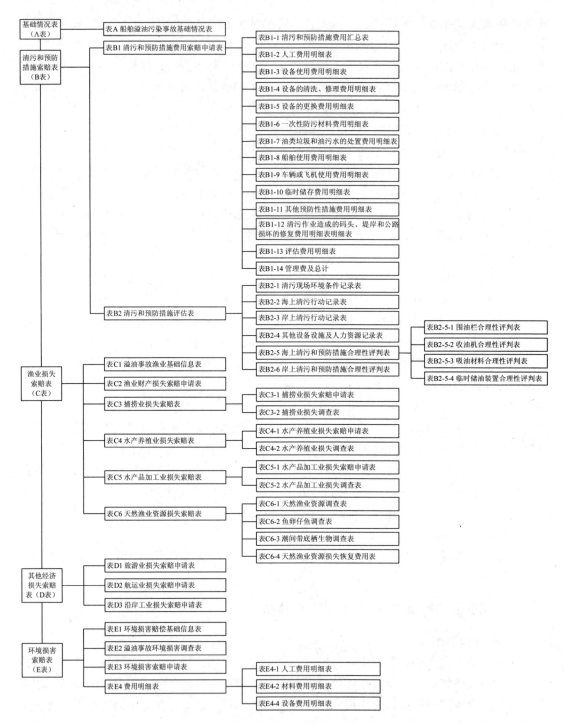

图 2-2 船舶溢油事故索赔与评估指标体系

2. 指标体系图中各类表格的构成与作用

为了使评估指标体系实用化，根据国家科技支撑计划课题"水上溢油事故应急处理技术"（2006BAC11B03）的研究成果，设计出一系列表格，共分为两大部分：基本情况表和分类索赔（汇总）表。

其中第一部分为基本情况表，内容为溢油情况和溢油事故发生时的环境状况等，见表 2-1。各大类索赔均适用该表。

第二部分为各分类索赔（汇总）表。按照索赔内容的不同，将索赔表分为"清污和预防措施索赔表（B 表）"、"渔业损失索赔表（C 表）"、"其他经济损失索赔表（D 表）"和"环境损害索赔表（E 表）"四大类。每大类又依据具体索赔内容设计了相应的表格。

对于清污和预防措施，分为索赔申请表（清污和预防措施费用汇总表和人工费用明细表等 13 类明细表）和清污和预防措施评估表，表格的详细内容见附录二。

对于渔业损失，分为溢油事故渔业基础信息表、渔业财产损失索赔申请表、捕捞业损失索赔表、水产养殖业损失索赔表、水产品加工业损失索赔表和天然渔业资源损失索赔表 6 类表格，其中后 4 类表格又由索赔申请表和损失调查表共同构成。表格的详细内容见第四章的有关内容。

对于其他经济损失，分为旅游业损失索赔申请表，航运业损失索赔申请表和沿岸工业损失索赔申请表，表格的详细内容见第五章的有关内容。

对于环境损害，分为环境损害评估基础信息表、溢油事故环境损害调查表、环境损害索赔申请表和费用明细表。

表 2-1　船舶溢油污染事故基础情况表

事故名称：_____　　　事故编号：_____

事故报告人	姓名		工作单位	
	手机号码		报告时间	
事故简况	事故船舶、码头或水上过驳点名称		船方联系方式	
	船籍		船东/注册所有人	
	保险公司		船舶种类	
	吨位/（总 t/净 t）		货种	
	事故原因	□碰撞　□搁浅　□触礁　□触损　□浪损　□火灾/爆炸 □风灾　□有关作业活动　□未知 简单描述：		
	发生时间	月　　日　　时　　分	发生地点描述（经纬度）	
事故现场环境条件	气温/℃		风速/（m/s）	
	海况[级别]		风级	
	流速/（m/s）		风向	
	潮汐	□涨潮、□落潮	能见度/m	□良好　□轻雾 □浓雾
	海冰情况		水温/℃	
	水域条件	□港区、□多岛屿水域、□平静水域、□平静急流水域、□遮蔽水域、□开阔水域、□开阔恶劣水域、其他	离岸距离/km	

溢油情况	溢油时间	月　日　时　分			估算溢油量		
	溢油运动方向				船舶溢出部位		
	溢油种类	□原油　□重柴油　□燃料油　□润滑油　□其他_____					
	溢油理化性质	密度/（g/cm³）	闪点/℃		倾点/℃	运动黏度/（mm²/s）	凝固点/℃
溢油特性	溢油特征	□新鲜　□已乳化　□奶油冻状　□焦油　□沥青　□结块　□其他_____					
	溢油分布特征	□连续　□断裂　□局部　□零星　□少许					
	油膜厚度	□没有明显的油但能闻到油味　　　□水面上能看到油光　□可见油层覆盖水面　　　　　□油层较厚					
	油膜颜色	□银白色　□灰色　□彩虹色　□蓝色　□褐色　□黑色　□黑褐色　□巧克力色　□无色					
	油膜大小/（长×宽）						
敏感资源	已受污染类型	□渔场　□增殖养殖区　□海水养殖场　□码头　□沿岸工业　□滨海旅游娱乐区　□红树林　□珊瑚礁　□海草床　□海洋保护区　□其他名称_____					
	预计受污染的类型	□渔场　□增殖养殖区　□海水养殖场　□码头　□沿岸工业　□滨海旅游娱乐区　□红树林　□珊瑚礁　□海草床　□海洋保护区　□其他名称_____					
已受溢油污染岸线情况	岸线类型	□人工构筑物　□岩石　□砾石　□圆砾石　□卵石　□沙滩　□淤泥滩　□沼泽　□红树林　□其他名称_____					
	受油污染的海岸线面积/（长度 m×宽度 m）				受污染岸线油层的厚度/cm		
已采取的防范措施	海上清污：□围油栏　□收油机　□吸油材料　□消油剂　□油污废物处置　□救助措施　岸线清污：□机械清除　□人工清除　□吸油材料　□消油剂　□常压/高压冲洗　□其他：_____						
准备采取的防范措施							

注：有关作业活动包括：从事船舶清舱、洗舱、油料供受、装卸、过驳、修造、打捞、拆解，污染危害性货物装箱、充罐，污染清除作业以及利用船舶进行水上水下施工等。

填表人（签名）：
填表日期：
填表单位：（公章）

第三节　清污和预防措施评估分指标体系

一、索赔指标体系图

为了便于对海上清污行动、岸上清污行动等不同类别的清污行动进行评估，对油污清除和预防措施费用评估指标体系进行了分解。共划分为"海上清污、岸上清污和其他设备设施及人力资源投入"3 个相对独立分类，清污和预防措施中的"研究和评估费用"不作为本层级费用的一个分类内容，而将其并入下一层级中，见图 2-3。

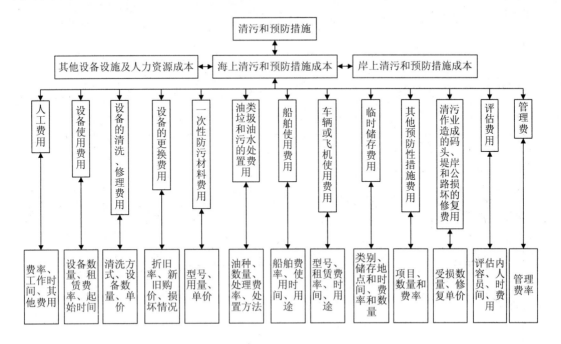

图 2-3 清污和预防措施索赔指标分解图

由于以上三类索赔均会涉及到人员费、设备费和材料费，因此本分指标体系设计了 13 个明细表，分别为人工费用、设备使用费用、设备的清洗和修理费用、设备的更换费用、一次性防污材料费用、油类垃圾和油污水处置费用、船舶使用费用、车辆和飞机使用费用、临时储存费用、其他预防性措施费用、清污作业造成的码头、堤岸和公路损坏的修复费用、评估费用及管理费用等，

在 13 个明细表中，图 2-3 又给出了具体、可量化的指标，如费率、工作时间和其他费用。

二、清污和预防措施索赔表

清污和预防措施索赔表分为两类，清污和预防措施费用汇总表（见表 2-2）和以上 13 类索赔明细表（见表 2-3 至表 2-15）。清污和预防措施索赔表主要适用于海事管理机构组织专业清污机构采取的清污和预防措施的索赔，同时，也可用于渔民或渔政管理部门组织的针对渔船、渔具等的清污索赔，旅游业、沿岸工业、航运业等相关人员开展的清污行动的索赔，以及海洋或环保部门组织的岸上清污行动的索赔。索赔明细表中还明确了必须提供相关证明的要求。

表 2-2 清污和预防措施费用汇总表

事故名称：_____ 事故编号：_____

序号	项目名称	费率	数量	费用/元	明细表页码
1	人工费				
2	设备使用费				
3	设备的清洗、修理费				
4	设备的更换费				
5	一次性防污材料费				
6	油类垃圾和油污水的处置费				
7	船舶使用费				
8	车辆或飞机使用费				
9	临时存储费				
10	其他预防性措施费				
11	码头、堤岸和公路损坏的修复费				
12	评估费用				
13	管理费				
	合　计				

填表人（签名）：

填表日期：

表 2-3 人工费用明细表

事故名称：_____ 事故编号：_____ 表格编号：_____ 填表时间：_____

工种	费率/（元/天）		工作时间/天		其他费用/（元/天）	工作与特殊情况简述	姓名	身份证号	保险号
	正常	加班	正常	加班					

合计金额：

记录人：　　　　　　　　　　　　现场指挥人：

需附有证据清单：身份证复印件、保险复印件、合同复印件。

填表说明：①工种包括：a.应急专家；b.现场指挥人员；c.工程技术人员；d.清污人员。②加班费率可以是正常费率的 1.5～3 倍，具体情况应在"工作与特殊情况简述"进行说明。③其他费用说明：可以包括餐补、通讯等费用。

表 2-4 设备使用费用明细表

事故名称：_____ 事故编号：_____ 表格编号：_____ 填表时间：_____

名称	型号	数量		租赁费率		使用起止时间	用途
		使用	备用	使用	备用		

记录人：　　　　　　　　　　　　现场指挥人：

需附有证据清单：船舶保险单、租用合同。

填表说明：用途应包含设备使用地点和时间，以及在清污中起到的作用。

表 2-5　设备的清洗、修理费用明细表

事故名称：_____　事故编号：_____　表格编号：_____　填表时间：_____

费用	名称	方式方法	数量/（t、台、m）	单价	小计
清洗费用					
修理费用					

合计金额：

记录人：　　　　　　　　　　　　现场指挥人：

需附有证据清单：被更换设备和新设备购置发票，被更换设备照片。

表 2-6　设备的更换费用明细表

事故名称：_____　事故编号：_____　表格编号：_____　填表时间：_____

设备名称	折旧率	污染及损坏情况	原始购买价格	重新购置价格

合计金额：

记录人：　　　　　　　　　　　　现场指挥人：

需附有证据清单：购置发票、现场使用照片。

表 2-7　一次性防污材料费用明细表

事故名称：_____　事故编号：_____　表格编号：_____　填表时间：_____

材料名	型号	使用地点	使用量/t	单价	小计

合计金额：

记录人：　　　　　　　　　　　　现场指挥人：

需附有证据清单：购置发票、现场使用照片、现场第三方签字。

表 2-8　油类垃圾和油污水的处置费用明细表

事故名称：_____　事故编号：_____　表格编号：_____　填表时间：_____

种类	数量	处置费率	处置方法	费用	小计正负值

合计金额：

记录人：　　　　　　　　　　　　现场指挥人：

需附有证据清单：环保局危险废物处理六联单。

表 2-9 船舶使用费用明细表

事故名称：_____ 事故编号：_____ 表格编号：_____ 填表时间：_____

船名	所属单位	计费方法（2 选 1）				费率/（元/马力·d）、（元/工班·t）		用途	小计
		以工班·吨位计		以马力[①]·时间计		使用	备用		
		净吨/t	工班/个	功率/马力、kW	工作时间/d、h				
合计金额：									

记录人：   现场指挥人：

需附有证据清单：航海日志、船舶证书、交管离进港资料。

填表说明：①船舶使用功能不同，油耗不同，风险不同；②资料复印件须加盖船章；③用途包含"待命"。

表 2-10 车辆或飞机使用费用明细表

事故名称：_____ 事故编号：_____ 表格编号：_____ 填表时间：_____

车牌号/飞机牌号	车型/机型	租赁费率/（元/h）、(元/d)、（元/台）	时间段/（h、d/台）	用途	小计
合计金额：					

记录人：   现场指挥人：

需附有证据清单：车辆或飞机租用合同原件。

表 2-11 临时存储费用明细表

事故名称：_____ 事故编号：_____ 表格编号：_____ 填表时间：_____

类别	数量	存储费率	存储时间	存储地点	小计

合计金额：

记录人：   现场指挥人：

需附有证据清单：储油方与储罐所有人签订的租用合同原件。

表 2-12 其他预防性措施费用明细表

事故名称：_____ 事故编号：_____ 表格编号：_____ 填表时间：_____

项目	数量	费率	小计

合计金额：

记录人：   现场指挥人：

需附有证据清单：遇险船证书并盖章、过驳船证书并盖章。

填表说明：预防性措施项目包括潜水探摸、堵漏、消防（对于油船有时会用到）、紧急拖带、过驳（将遇险船上的货油转驳到其他空油船上）等。

---

① 1 马力=735.499 W。

表 2-13 清污作业造成的码头、堤岸和公路损坏的修复费用明细表

事故名称：_____ 事故编号：_____ 表格编号：_____ 填表时间：_____

名称	受损地点	受损路段/m	修复单价	小计

合计金额：

记录人：   现场指挥人：

需附有的证据清单：现场照片，与溢油事故相关性证明。

表 2-14 评估费用明细表

事故名称：_____ 事故编号：_____ 表格编号：_____ 填表时间：_____

项目名称	评估机构		启动研究或评估的原因	研究和评估现状	起始时间	内容简介	研究或评估或鉴定的费用	小计
	名称	资质						

合计金额：

记录人：   现场指挥人：

需附有的证据清单：委托评估协议书原件等。

表 2-15 管理费及总计

事故名称：_____ 事故编号：_____ 表格编号：_____ 填表时间：_____

以上各项费用共计	管理费率	管理费用	清污索赔总额总计

三、清污和预防措施记录表

为给清污行动的合理性评估提供依据，有必要对现场环境条件进行记录，同时，还需要记录海上清污行动和岸上清污行动，以及其他设备设施及人力资源的投入情况。为此，设计了表2-16清污现场环境条件记录表、表2-17海上清污行动记录表、表2-18岸上清污行动记录表。

表 2-16 清污现场环境条件记录表

事故名称：_____ 事故编号：_____ 表格编号：_____ 填表时间：_____

直接指挥人	姓　名		工作单位	
	手机号码		下达命令时间	
事故简况	事故船舶名称		船方联系方式	
	发生时间		发生地经纬度	
溢油情况	估算溢油量		船舶溢出部位	
	溢油种类	□原油　□重柴油　□燃料油　□润滑油　□其他_____		

事故发生地点环境条件	项目	海况（级别）	流速	风级	能见度
	清污开始				☐良好 ☐轻雾 ☐浓雾
	后＿＿＿h				☐良好 ☐轻雾 ☐浓雾
	后＿＿＿h				☐良好 ☐轻雾 ☐浓雾
采取的溢油应急措施	海上清污：☐围油栏 ☐收油机 ☐吸油材料 ☐消油剂 ☐油污废物处置 岸线清污：☐机械清除 ☐人工清除 ☐吸油材料 ☐消油剂 ☐常压/高压冲洗 ☐其他：＿＿＿＿＿＿				
预计溢油污染区域					

填表说明：①本表应由清污公司填写；②海况 1～9 级分别称为无浪、微浪、小浪、中浪、大浪、巨浪、狂浪、狂涛、怒涛；③环境情况填写时间间隔：到达清污地点为填表起始时间，第 1 天每 4 小时记录 1 次，24 小时后 24 小时记录 1 次，并且每次投入新的清污力量进行记录。

填表人（签名）：　　　　　　职务：＿＿＿＿＿＿

填表时间：　　年　月　日　时　分

填表单位：

表 2-17　海上清污行动记录表

事故名称：＿＿＿＿＿＿＿＿＿＿＿＿＿　　　　事故编号：＿＿＿＿＿＿＿＿＿＿＿＿＿

清污措施	型号	数量	使用起止时间（年月日时至年月日时）	设备使用费			用途	小计
				折旧率	购置金额	日租金		
围油栏								
收油机								
吸油材料								
溢油分散剂								

清污措施	型号	数量	使用起止时间（年月日时至年月日时）	设备使用费			用途	小计
				折旧率	购置金额	日租金		
残油卸载								
其他措施								
合计								

填表说明：

①围油栏材质包括：a. PVC；b. 橡胶；c. 不锈钢；d. PU；e. 其他；

　围油栏类型包括：a. 固体浮子式；b. 充气式；c. 其他。

②收油机类型包括：a. 堰式；b. 表面亲油式（盘式、刷式、鼓式等）；c. 流体动力式（感应型）；d. 其他。

③吸油材料形态：a. 片状、b. 卷筒型、c. 枕垫型、d. 捧子型、e. 栅栏型、f. 其他；

　吸油材料类型包括：a. 吸油拖栏；b. 吸油毡；c. 吸油粉末；d. 其他。

④溢油分散物资包括：a. 凝油剂；b. 普通型分散剂；c. 浓缩型分散剂；d. 手持喷洒装置；e. 船用喷洒装置；f. 空中喷洒装置。

⑤残油卸载包括：过泊、水下抽油、主要使用卸载泵和船舶等。

⑥其他措施包括：使用储油囊、浮动油囊等。

⑦设备单位：围油栏（m），吸油毡（t），收油机（台），分散剂（t）。

填表人（签名）：

填表日期：

填表单位：（公章）

表 2-18　岸上清污行动记录表

事故名称：_____　　　　　事故编号：_____

岸线类型	□ 岩石、砾石、人工构筑物 □ 沙滩（不同粒径）		□ 卵石、砾石、圆砾石 □ 淤泥滩、沼泽、红树林					
清污措施	型号类型	数量	使用起止时间（年月日时至年月日时）	设备使用费			用途	小计
				折旧率	购置金额	日租金		
真空泵吸								
设备去除表层油								
人工清除								
常压海水冲洗								
高压水冲洗								

蒸汽冲洗							
喷砂							
吸油材料							
溢油分散剂							
岸滩性围油栏							
其他							
合计							

填表说明：

①设备去除表层油：使用包括推土机在内的可以对沙砾、泥沼进行表层刮除的设备。

②人工清除主要为铲、耙等设备和防护用具、收油塑胶袋等。

③围油栏材质包括：a. PVC；b. 橡胶；c. 不锈钢；d. 其他。

④围油栏类型包括：a. 固体浮子式；b. 充气式；c. 其他。

⑤吸油材料类型包括：a. 片状（方形或条形）；b. 卷筒形；c. 枕垫形；d. 掸子形（单束—多束，捆形，墩布形），e. 栅栏形；f. 颗粒形。

填表人（签名）：

填表日期：

填表单位：（公章）

表2-19　其他设备设施及人力资源记录表

事故名称：_____　　　事故编号：_____

序号	项目名称	费率	数量	单价/元	费用/元	用途
1						
2						
3						
4						
5						
6						
7						
8						
9						
10						
11						
12						
合计						

填表人（签名）：

填表日期：

填表单位：（公章）

四、清污和预防措施评估表

根据《索赔手册》的赔偿原则，"任何采取措施的费用都必须合理和有根据"，针对海上清污和岸上清污两类特点不同的清污行动分别设计了海上清污和预防措施合理性评判表，表格的具体内容见第三章的有关章节，以便于开展评估工作。

第四节　渔业损失评估指标体系

一、指标体系建立的原则

1. 系统性原则

系统性指评估指标体系要能够全面完整地反映溢油事故给渔业造成的污染损害的综合情况，从中抓住主要因子，既能反映直接的影响，又能反映间接的影响，并且具有普遍的代表性。但又不能简单地认为指标越复杂、越全面越好。因此确定指标时应有适当的取舍。

2. 科学性原则

溢油事故渔业污染损害评估指标的设置和指标的结构必须科学合理，能够反映溢油事故造成渔业污染损害的基本内涵，逻辑结构严密。

3. 定量化原则

建立指标体系的目的是更加有效地采用定性和定量的综合集成方法对溢油事故造成渔业污染损害进行综合分析，实现溢油事故造成渔业污染损害评估的定量化。因此，应使各指标尽量实现定量化。

4. 可操作性原则

溢油事故渔业污染损害评估指标体系应当能比较实际地反映溢油事故渔业污染损害评估的全部内容，避免不切实际，不太相关的指标也加以考虑，致使指标体系过于庞大，难以控制。另外指标体系的指标应该能为各有关部门所接受，并尽可能使指标体系具有操作的可行性。

二、指标体系的结构和指标

1. 溢油事故渔业污染损害评估指标体系结构

溢油事故渔业污染损害评估指标体系结构如图 2-4 所示，由溢油事故污染指标子体系和渔业污染损害评估子体系两大部分构成。

2. 溢油事故污染指标子体系

评估指标包括：溢油品种特征（油品号、油品物理属性、化学组成、生物毒性效应）；溢油时间特征（发生时间、历时）；采取的防范措施（溢油清除方式、溢油回收量、回收方式、回收时间、消油剂种类和使用数量）；溢油空间特征（溢油数量、溢油方式位置、油膜厚度、油膜颜色、浓度、范围、受油污染的海岸线面积）；溢油区域环境特征（气温、风向、风速、能见度、水温、流向、流速、海况、潮汐、水深）；溢油动态特征（动态变化、扩散趋势）。定义这些指标的内容和获取方法是进行渔业污染损害评估的基础。

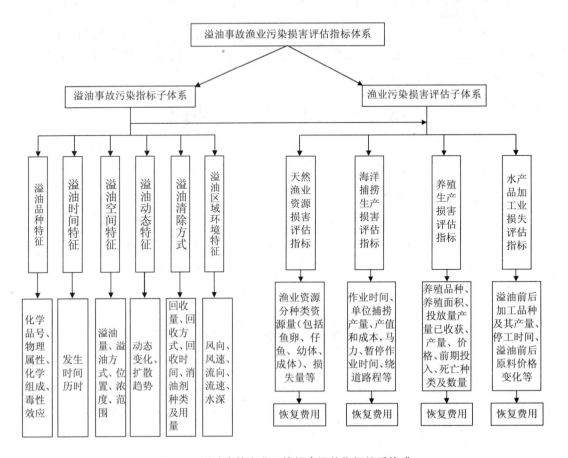

图2-4 溢油事故渔业污染损害评估指标体系构成

3. 渔业污染损害评估子体系

溢油事故渔业污染损害评估子体系按影响类型分成四类。

（1）天然渔业资源的损害评估指标

评估指标包括：污染前、后天然渔业资源的种类；单位面积分类别生物的数量和资源量（包括鱼卵、仔鱼、幼体、成体、潮间带生物）；损害率和损失量；恢复费用。

（2）海洋捕捞生产损害评估指标

评估指标包括：常年作业水域位置；溢油后捕捞位置；作业时间；溢油前和溢油后的捕捞品种；单位捕捞产量；主要捕捞品种价格；产值和成本（马力、燃油品种、单位油耗、劳动力）；捕捞生产受影响的方式；渔具污染的数量、价值、清污费用和更新费用；时间；受影响的捕捞产量和产值。

（3）养殖生产损害评估指标

评估指标包括：污染海域养殖方式、养殖种类、单位面积（水体）养殖产量、产值和成本；污染发生前投入的养殖种类数量、成本、已收获数量、规格、产值；因污染造成的死亡量和不能食用的养殖生物数量、规格、价格；养殖设施受污染的数量、价值，养殖设施清污和更新费用。

（4）水产品加工业损失评估指标

评估指标包括：溢油前加工品种及其产量；溢油前加工品种主要来源地；溢油前原料（水产品）价格；溢油后加工品种及其产量；溢油后加工品种主要来源地；溢油后原料（水产品）价格；溢油影响方式；停产时间；减少雇员人数和经济损失。

第三章 清污和预防措施评估程序、方法和软件

第一节 溢油事故中人工费用的评估方法

一、应急所需的人工

溢油应急行动中需要大量的人力资源，其中主要包括专家、技术人员、清污人员等。

溢油事故发生后，由政府牵头，成立专家指挥协调组，人员可由相应职能部门或当地具有这方面专业特长的相关技术人员组成，具体分工举例如下：海事部门负责清污方案的制订和现场组织实施；从航运单位抽调资历高深的船长、轮机长兼任航海技术指导；各危货经营单位的专业技术人员对溢油成分进行分析，作出投放对应清污材料的方案，供海事部门参考；海洋部门的水域环境保护技术人员由于对海洋环境功能熟悉，可与海事部门人员一道参与共同设计最有效的清污方案和协助海事部门现场实施；气象部门人员可及时提供当时及今后天气变化情况；公安消防部门做好现场万一发生火灾的灭火工作。

此外还有执行清污任务的清污人员与清污船只上的船员。

二、人工费用合理性评估

溢油事故中投入的人力是否合理，体现在以下几点：①本次溢油事故涉及到的方面是否与专家特长相符；②本事故等级下，某方面专家人数是否合理；③本事故等级下，技术人员的人数是否合理；④本事故等级下，清污人员的人数是否合理。

三、投入人工计费证据

实践中，清污工作投入的人力费用的计算标准争议较大，一般投入人力方面有以下证据需要收集：①《值班记录簿》记载海事部门向各清污单位发出指令，以及清污的全部过程，所以很重要。《委托书》《调用有关清污材料、设备通知书》均要以书面形式形成。②《监控/指挥人员名单及劳务费结算清单》。记载现场指挥部、清污现场指挥等应急人员进行监控、指挥、协调、后勤保障等工作的劳务费用。③《参加事故清污、监控人员名单及劳务费结算表》。记载现场清污、监控的人员及其劳务费。另外，海事部门领导指挥清污工作可否索赔争议较大。一般认为，如果海事部门领导当时执行的是清污工作的指挥，应该可以索赔。

第二节 海上溢油清污设备使用的评估方法

溢油事故中，清污措施主要采用的清污设备，包括围油栏、收油机、吸油材料、溢油分散剂等。这些设备的使用是否合理，需要考虑多方面的因素，主要看各种清污设备的选择使用是否合理必要；围控措施、回收作业等操作过程的合理性与有效性。清污人员应掌握不同清污设备和器材在不同海况、岸线，针对不同油品的使用效果，综合利用围控设备、回收装置和储运设施才能达到有效回收的作用。

一、围油栏使用的评估方法

海上发生溢油事故后，溢油在海上由于受风和流的影响，会迅速自溢油处向外漂移和扩散，形成大面积分散的海上油膜和油带。通常，油漂移、扩散和到达敏感区前，首先要考虑在海上进行处理，以减少对海上资源和环境的污染损害。回收海上溢油的一般方法是用拖船拖带围油栏围控浮油，然后用收油设备回收海面溢油，再将回收的溢油转驳到海上临时储存装置。随着溢油扩散成为大面积分散的油膜和油带，需要立即采取反应措施进行围控和回收。

1. 围油栏选择的评估

（1）围油栏的选择

围油栏的选择将直接影响溢油围控和回收的效果。选用围油栏要考虑到：足够的规格、强度及抗损力。有足够的随波韧性，材料要有足够的硬度以防止破损，还要便于运输和布放。表3-1为各种环境下选用围油栏提供了一些一般性原则。

表 3-1 不同操作条件下围油栏的选择

围油栏类型	屏障式栅栏型	屏障式，干舷为栏高50%	屏障式栅栏型	屏障式具有外拉力支持的栅栏型	屏障式
水域	平静水域	平静急流水域	遮蔽水域	开阔水域	开阔恶劣水域
浪高/m	<0.3	<0.3	0～1.0	0～2.0	>2
环境状况	小浪无浪花	流速≥0.4 m/s	小浪一点浪花	中浪浪花多	大浪浪花泡沫
高度/mm	150～600	200～600	450～1 100	900～2 300	1 500+
浮力重力比	3∶1	4∶1	4∶1	8∶1	8∶1
最低张力强度/N	6 800	23 000	23 000	45 000	45 000+

（2）围油栏使用限制和失效

围油栏失效通常有以下5种现象：携带逃逸、溢油泄漏、溢油飞溅、围油栏沉没、围油栏倾倒。

①携带逃逸。在海流强的水域，围油栏的上端会生成顶头浪。在围控的油膜下面产生湍流，致使油膜底部形成油滴，被湍流携带从围油栏底部逃逸。特别是当围油栏和水的速度差超过 0.35～0.5 m/s 时最容易发生。解决携带逃逸的方法是将围油栏与流向布放成一定的角度，这样可以减少垂直围油栏的流速。

②溢油泄漏失效。溢油泄漏是指当溢油积聚在围油栏的表面达到一定厚度时，从围油栏底部溢出到另一面的行为。泄漏产生的原因是围油栏表面的水流加速向下将溢油带出裙体底部。泄漏临界速度的形成取决于围油栏裙体的高度、溢油黏度、密度以及围控溢油厚度。产生溢油泄漏的速度较产生携带逃逸的速度通常要大，因而携带逃逸一般会先发生。

如携带逃逸发生在深水区域，流速要超过 0.7 kn，如果水深只有围油栏吃水的 2 倍，其底部流速将非常高，溢油泄漏可在速度达到 0.3～0.4 kn 时发生。为了提高围油栏效率，避免泄漏现象发生，布放围油栏水域的水深至少应为其吃水的 5 倍。

③溢油飞溅失效。溢油飞溅失效是指围控的溢油从围油栏干舷顶部越过逃逸的现象，多发生在浪高的区域。当浪高超过围油栏杆舷高度，波长与波高的比小于 10∶1 时，就会发生飞溅失效现象。

④围油栏沉没失效。沉没失效是指由于围油栏布设在急流水域或高速拖带时被压到水面以下引起溢油逃逸的现象。产生沉没失效的速度取决于围油栏的剩余浮力。由于携带逃逸通常会在较低的速度下发生，围油栏沉没失效的现象并不常见。

⑤围油栏平倒失效。平倒失效是指由于强风与急流的方向相反，导致围油栏平倒，造成溢油逃逸现象。这种现象发生主要由于围油栏配重轻、浮重比小、纵向拉力构件接近围油栏水线或在其上部。

⑥结构损坏。围油栏布设的环境状况不适合该种围油栏设计时，由于风和流的扩大影响造成围油栏的破碎、扯断，这种损坏是最惨重的。

2．围油栏布放的评估

布放围油栏要考虑当地的气象条件、海况以及其他必要的因素，还需要确定所需要的数量。表 3-2 列出了围油栏在不同用途下确定长度的一般指南。

表 3-2　围油栏在不同用途长度指南

用途	数量
围住遇险船舶（包围）	船长×3
围住突堤码头作业船舶	船长×1.5＋船头和船尾至岸的距离
保护河流的入海口、小河，河口等	3～4 倍水体宽度
港湾围控	（1.5＋水流速/kn）×水体宽度

（1）围油栏布放方式

根据环境和作业目的不同，水体宽度布放方式也不同。

①包围法。这种方式可用于溢油的早期阶段来防止溢油自遇险船舶向外过度扩散。在实践中，由于海况可能无法有效作业，布放的围油栏会妨碍卸载和救捞行动。锚的使用也会遇到困难或根本不可行。所需围油栏的长度至少是溢油源长度的 3 倍。该种布放方式适用于平静的海域，如果溢油源是一艘船舶，船体可作为栏栅的一部分；如果溢油源是海岸设施，岸线可作为包围栏栅的一部分。

②等待法。由于较大的风和流很难采用包围法布栏时，可采用等待法布栏，以防止油扩散到更远的区域。围油栏布设在离溢油源一定的距离，以拦截逼近的油。但海况和风向的变化会影响作业的成功。这种方法主要用于平静和遮蔽的海域。在潮汐水域，应在溢油

源的另一边铺设围油栏，防止反向流将溢油扩散。

③在狭窄水道或河流中布放围油栏。根据水流速度，可通过在狭窄水道或河流中布放围油栏防止溢油扩散。为了不影响船舶的航行，可以交错排列的形状铺设围油栏，在铺设形状中心留一开口，可使船舶通行。必须注意的是，要防止潮汐高水位期间溢油从围油栏与岸边的系泊点的连接处溢出。

④诱导法。为了保护环境敏感区可将溢油转移至容易回收的区域，通常将围油栏与水流方向成一定角度布设，以便将溢油转移。

⑤拖曳法。如果溢油已经分散，可以将围油栏低速拖带（小于 0.5 m/s），把分散的油膜集中起来并用收油机回收。但作业条件可能会使行动失败，如发生前面所述的围控失效现象。这种操作适用于风平浪静的开阔水域，围油栏的拖带方向应与流向一致，以减小围油栏与油/水的相对速度，防止围油栏失效。

⑥自由漂流布栏。如果流速太高或海水过深不能下锚时，可以使围油栏圈住溢油自由漂浮，同时进行油的回收。使用海锚和浮标可减小漂流速度。在浅水区域可使用长链或其他材料达到此目的。

⑦多层布栏。由于第一道围油栏产生携带逃逸失效造成溢油逃逸时，需要在其后布放二层或三层围油栏，每层围油栏之间必须保留若干距离。尤其是在高流速围油栏可能倾倒造成溢油逃逸时，围油栏间的距离为 1～5 m，可保证逃逸的溢油被第二道围油栏拦截。值得注意的是，如果随时都会发生携带逃逸，使用多层布栏围住溢油也是不可行的。

⑧网状布栏。这种布栏方式很复杂，涉及布放围油栏、浮筒、锚、配重和网片。网片安置在浮筒和配重之间，也安装在裙体和配重之间，以缓和应力和改善围控能力。此种方法适用于溢油形成焦油状的近岸环境，由于油球漂浮于水面以下，为了保护吸水口和环境敏感资源，需要将围油栏布设至海底。这种油球的动态很难掌握，通常在浅水中或到达岸边后才被发现。

围油栏的铺设需要大量的人力而且要注意安全。在应急计划中应充分考虑溢油品种、溢油源、溢油量、溢油扩散以及需要保护的敏感环境等情况，以建立围油栏布设的基本战略部署，另外在还应考虑到围油栏的布设现场、围油栏类型、足够的长度、布放方式、工作船的能力和其他后勤保障等。在实际操作中常常由于对后勤保障没有考虑完全，或者对所需围油栏计算长度不够（忽略布设时需与流向有一定夹角所致），从而导致行动的失败。

（2）围油栏布设时应该注意的事项

为了保护围油栏处于良好的状态，注意在仓库、突堤、粗糙地带拖带围油栏时防止其撕裂。当布设围油栏时应注意避免扭曲打结，在船上或下水后这种情况很难纠正。

由于风以及海浪的作用，特别是在恶劣天气情况下，容易造成围油栏的损坏和走锚，所以应该对围油栏的布设环境予以充分的考虑，以免发生上述现象。在这种条件下围油栏的效果会很有限。

由于风以及海浪的作用，已布放的围油栏布局在海上很难保持，其围控效果也会降低。如果用锚固定围油栏应仔细计算所需锚的数量和它们之间的距离。如果围油栏围住失事船舶还有进一步泄漏的可能，应在船舶与围油栏之间增加隔离装置，如浮筒，用来防止摩擦和为不断泄漏的溢油留出围控空间。当围控轻质油或挥发性强的油类时应该特别注意防止火灾和爆炸。

3. 围油栏合理性评判

在评判围油栏的使用是否合理时，要同时考虑其选择与使用是否符合溢油水域、浪高及环境状况。围油栏选择、使用合理性评判见表3-3。

表3-3　围油栏合理性评判

操作条件 围油栏类型			屏障式			栅栏式	外部张力式	其他	
水域	浪高/m	环境状况	固定浮子式	充气式	自充式			气体屏障式	网型
平静水域	<0.3	小浪无浪花	+	+	+	+	—	—	—
平静急流水域	<0.3	流速≥0.4 m/s	+	+	+	o	—	—	—
遮蔽水域	0～1.0	小浪一点浪花	+	+	+	+	—	—	—
开阔水域	0～2.0	中浪浪花多	+	+	+	—	+	—	—
开阔恶劣水域	>2	大浪浪花泡沫	o	+	+	—	—	—	—

注：+表示推荐；o表示根据实际情况决定；—表示不推荐。

二、收油机使用的评估

1. 收油机类型

收油机主要用来回收海面溢油，目前有4大类型，适用于不同的操作方式和操作环境。

（1）堰式收油机

利用溢油重力和流动性，调整堰式收油机的堰边，使更多的油通过堰边进入集油器，通过泵将集油器内的溢油送到储油容器进行分离。主要分为涡流堰式收油机和自成水平堰式收油机。一些堰式收油机可以与围油栏组合起来使用，称为堰式围油栏。

（2）表面亲油性收油机

利用亲油材料，指能够做成盘式、绳式、刷式或鼓式收油机，溢油被吸油材料吸附后被刮掉或挤出至搜集容器中，然后通过泵输送到储油容器分离。

（3）流体动力型收油机

利用浮油与收油机的相对流动性来回收和分离溢油，一般此种收油机安装在船上，主要包括前襟型堰式收油机、水力旋流型收油机、喷射型收油机、过滤带型收油机等。

（4）其他类型收油机

还有一些在某些条件下，用于临时性回收溢油的非专用设备。主要包括真空型收油机、抓斗式及网型收油机。

2. 收油机合理性评判

在评判收油机的使用是否合理时，要综合考虑溢油的油种、黏度、油膜厚度和溢油水域的水深、海况、最大流速以及该收油机是否适合在行进中收油等。收油机选择、使用合理性评判见表3-4。

表 3-4 收油机使用合理性评判

操作条件		堰式收油机					亲油型收油机						感应型收油机						其他			
	类型	基本型	重型螺旋式	围油栏组合型	真空抽吸式	自成水平式	圆盘式	绳式	双体艇上刷绳式	刷式	前进型	动态斜面式	向上转动亲油带式	向下转动亲油带式	水力旋流式	涡流堰式	桶式	水车式	螺旋泵	回收网	真空车	机械抓斗
油种	轻质	+	o	+	+	+	+	o	o	o	+	+	−	−	−	+	−	−				
	中质	+	+	+	+	+	+	+	+	+	+	+	+	+	−	+	o	+				
	重质	o	+	o	o	−	o	+	o	+	o	o	+	−	−	o	+	+	+	+	+	+
	乳化油、残油	o	−	−	+	o	−	−	−	+	o	o	+	o	−	o	+	+				
	高	o	o	o	+	+	+	−	+	+	o	o	+	o	−	+	+	−				
	中	+	+	+	+	+	+	o	o	−	+	+	+	o	−	o	+	+	+			
黏度	低	o	o	o	+	o	+	+	−	+	+	o	o	o	−	o	o	+	+	+	+	
油膜厚度	<5 mm	+	o	o	o	o	+	+	+	+	+	+	o	o	o	+	+	+				
	>5 mm	+	+	+	+	+	+	−	+	+	+	+	+	+	+	+	+	+				
行进中使用		−	−	+	−	+	−	+	+	+	+	−	−	+	+	−						
最大流速/km	0.75	+	+	+	+	+	+	+	+	+	+	+	+	+	+	+	+	+				
	1	+	+	+	+	+	+	+	+	+	+	+	+	+	+	+	+	+				
	1.5	+	+	o	+	+	+	+	+	+	+	+	o	+	+	+	+	+				
	2	o	+	−	+	+	+	+	+	+	+	+	o	+	+	o						
	2.5	o	−	−	o	+	+	+	+	+	+	o	o	o								
	3	−	−	−	−	−	+	−	+	+	+	−	−	−								
	6	−	−	−	−	−	+	+	+	−		−	−	−	−	−						

操作条件	堰式收油机					亲油型收油机					感应型收油机					其他					
类型	基本型	重型螺旋式	围油栏组合型	真空抽吸式	自成水平式	圆盘式	绳式	双体艇上绳式	刷式	前进型	动态斜面式	向上转动亲油带式	向下转动亲油带式	水力旋流式	涡流堰式	桶式	水车式	螺旋泵	回收网	真空车	机械抓斗
海况 0级海况	+	o	+	+	+	+	+	+	+	+	+	+	+	+	+	+	+				
1级海况以下	+	o	+	+	+	+	+	o	—	+	—	+	+	+	+	+					
2级海况	o	+	+	o	o	+	+	o	—	+	—	+	+	o	+						
3级海况以下	—	o	o	—	—	+	—	+	—	o	—	+	+	—	o						
恶劣海况	—	—	—	—	—	+	+	—	—	—	—	—	—	—	—						
水深/m <0.3	+	—	—	—	—	+	o	—	—	—	o	o	o	—	—						
浅水域		+（>1）			+（>0.3）																
>1.5			+	+				+		+	—	—	—	—	—						
各种水深	o									+										+	

注：+表示推荐；o表示根据实际情况决定；—表示不推荐。

三、吸油材料使用的评估

1．吸油材料的选择

吸油材料主要用于溢油的吸附和吸收。吸油材料主要包括：无机材料（如硅石、松脂石）；人造合成材料（如聚丙烯纤维等）和天然有机材料（如泥炭块、纸浆、棉花、松树皮等）。其中人工合成材料使用最为广泛，一般分为片状、卷状或绳状。

2．吸油材料的使用

吸油材料的一般用途见表 3-5。

表 3-5　吸油材料的一般用途

吸油材料形式	用途
片状（方形或条形）	可投放在限定水域用于吸收少量轻质油，放置一段时间以保证其效果。但应注意要及时回收。不能在开阔水域使用，因为在该海域溢油扩散很快，使用效率低。与浮油接触，容易表面沾染而不能吸收更多的油，除非油质很轻。投放片状材料时很迅速，但大量投放会造成回收困难，导致漂到未被污染的岸边
卷筒形	卷筒型吸油材料在使用时可按所需长度将其割断。可用来保护通道、船甲板、工作区、未被污染区域等。用完后可以很方便地卷起运走
枕垫形	用来回收岸边少量污油。通常将可以吸油的松散材料装入带有网眼的网状物中，便于回收
掸子形（单束—多束，捆形，墩布形）	由几股聚丙烯纤维编织在一起形成，可以单独使用，也可以用绳子捆在一起保护大面积区域。这种形式的吸油材料对黏性和风化油很有效
栅栏形	这种形式的吸油材料有双重用途，可以用来吸入油，也可以作为围油栏使用，但只限用于平静水域，由于吸油材料被紧密地包容在网状物中，表面易被油沾染，吸油效果受一定影响
颗粒形	一般不推荐用于水面吸附油。但它可以用于不能进入的地区以稳定搁浅油

3．使用吸油材料合理性评判

在评判吸油材料的使用是否合理时，要综合考虑溢油的油种、黏度、风化程度、溢油面积以及溢油水域条件、海况、浪高等。吸油材料使用合理性评判见表 3-6。

表 3-6　吸油材料合理性评判

操作条件	吸油材料类型	片状（方形或条形）	卷筒形	枕垫形	掸子形（单束—多束，捆形，墩布形）	栅栏形
水域条件及浪高/m	平静水域（<0.3）	+	o	+	+	+
	遮蔽水域（0～1.0）	+	—	+	—	+
	开阔水域（0～2.0）	+	+	+	+	+
	开阔恶劣水域（>2）	+	+	+	+	+

操作条件 \ 吸油材料类型		片状（方形或条形）	卷筒形	枕垫形	掸子形（单束—多束，捆形，墩布形）	栅栏形
溢油面积	少量	+	—	+	—	
	大量	o	+	+	+	+
油种	轻质	—	—	—	—	
	中质	+	+	+		+
	重质	+	+	+	+	+
黏度	低	o	o	o	o	o
	中	+	+	+	+	+
	高	+	+	+	+	+
风化程度	未风化（3 天）	+	+	+	+	+
	已风化	o	o	o	o	o

注：+表示推荐；o 表示根据实际情况决定；—表示不推荐。

四、溢油分散剂使用的评估

溢油分散剂俗称消油剂，是用来减少溢油与水之间的界面张力，从而使油迅速乳化分散在水中的化学试剂。目前世界各国在处理各种水面溢油事故时，广泛应用溢油分散剂。在许多不能采用机械回收或有火灾危险的紧急情况下，及时地喷洒溢油分散剂，是消除水面石油污染和防止火灾的主要措施。

1．溢油分散剂

溢油分散剂是一种改变海面溢油物理形态的化学物质，它是由表面活性剂和有助于渗透作用的溶剂构成的一种混合物。表面活性剂降低油膜的表面张力，加快了小油滴的形成并能抑制油滴的聚合。

分散剂通过将油分散到水中，一是可以阻止风对油膜运动的作用（通常是向岸风），因此分散剂能对那些易受溢油影响的海岸和敏感区域起到保护作用；二是在油被分散的区域，增加了海洋生物对油的暴露程度，因此分散剂使局部油的毒性增强；三是提高了油在海洋环境中的生物降解速度，油经过分散后提高了油水界面，有利于提高油的生物降解能力。

应该认识到，"时间"是考虑使用分散剂时最棘手的问题。一旦油明显风化了，其黏度的增大将很可能使分散剂无效。通常使用分散剂的最佳时机是溢油后的 24～48 h。使用分散剂能减少因水面溢油给敏感资源，比如鸟类聚集地、海滨风景区等所带来的危害。发生在溶解能力比较强的海域的溢油会漂向着敏感资源，这时就可以使用分散剂来减少油块对敏感资源的威胁。另外溢油分散剂只有在小面积且海面密集形成浮油块的情况下才起作用。

未经处理的油膜则会在风，流和潮汐的联合作用下趋于自然消散。当确认只靠自然分散不足以减少对敏感资源的威胁的时候，应考虑使用分散剂。不过，使用分散剂并不是将油清除掉了，只不过增加了油在水体中的自然溶解率。分散剂处理过的油会对水面下的生物群体产生比水面上的油更大的危害。因此，只有在水面溢油危害大于油溶在水中的危害以及围控和回收不可行的情况下，才使用分散剂。同时需要考虑的是，即便在理想的情况下使用了分散剂，也不能完全消散水面上的油，并且在同向风的驱使下仍有部分溢油抵达敏感资源。

公众健康问题主要是考虑油对水生物的影响和给食物味道产生的影响。因此，作为一种防御措施，在狭窄海域或水产养殖区尤其是贝类养殖区不应考虑使用分散剂。有关分散剂处理的油对海产品的影响，详见 IMO/FAO 出版的《溢油中和溢油后海产品安全管理指南》。

工业取水口需要给予特别注意，因为溢油会通过取水口进入工厂系统内。大多数情况下，很低浓度的这种经分散剂处理的油不会给工厂的设备带来多大的影响。但是，这些工厂究竟能承受多大的油浓度很难预知。因此，在工业取水口附近还是不要使用分散剂为好。应该认识到，每次溢油事故，情况都是不一样的，因此决定是否使用分散剂、什么时间用、怎么使用以及使用原因等问题要具体情况具体分析。在决定是否使用分散剂时，要对溢油未处理或处理可能造成的不同影响进行比较，这个过程叫做环境效益衡量分析（NEBA）。

分散剂一定要在油充分风化前使用。为了进行有效地反应，并节约时间，喷洒设备使用的燃料和分散剂一定要随时可用，并保证充分的补给。供应和通信系统应处于最高备用状态。

任何分散剂喷洒行动都应该受到监测，以便确定分散剂是否在特定的区域内起到了应有的作用。只要可能，除了考虑这些监测措施之外，还应该适当延长这种监测以确定对环境是否会产生长期的影响。

2．分散剂效果的局限性

分散剂只是在某些有限的条件下才起作用，而且也不是对所有的油种都起作用。分散剂的作用依赖于油的种类和特性。其中油的黏度通常是用来衡量分散剂是否起作用的重要参数。大多数情况下，重燃料油和原油分散剂是不能分散的。目前还没有一个统一的标准，但是通常认为黏度在 2 000～5 000 cSt[①]的油，分散剂是不起作用的。溢出的油温度处于其倾点以下时，通常呈半固态或固态状，不易被分散。润滑油也由于含有黏合成分而难以分散。

同样，对于风化了的油，因为处于乳化状态，其黏度大于 5 000～10 000 cSt，很难用分散剂消散。乳化是一个很重要的特征，许多油种初始溢出时即可被分散，但几小时后随着油慢慢发生乳化现象，便会失去分散能力。对这些油种而言，重要的是溢油发生后应尽可能快地使用分散剂。如果油是部分风化，那么可以分两个阶段进行喷散，以达到较好的分散效果。第一阶段使用低浓度分散剂破乳降低油的黏度（分散剂与油的比例为 1∶50）。第二阶段则使用正常的用量（分散剂与油的比例为 1∶20）以达到分散溢油的效果。一旦溢油大部分风化形成稳定的乳化物，分散剂基本上不起作用了。

另一方面，轻质燃油使用分散剂后能迅速地消散，减少着火的危险。

由于分散剂是通过增加油在水中的自然溶解率而发挥作用，因此使用分散剂时需要有一些能量促使其发挥作用，比如通常需要 3 级以上的风力才能足以保证足够的自然混合能

---

① 1 cSt（瓦斯）= 1 mm^2/s。

量。对于小量的溢油，采取机械搅拌等措施通常会得到较好效果。

3. 分散剂使用条件

溢油分散剂的适用情况见表 3-7。

表 3-7　针对各种油类最有效的溢油分散剂类型表

油的种类	溢油分散剂种类		
	常规型	浓缩型	
		水稀释后应用	不需稀释直接应用
轻质燃料油	（1）	（1）	（1）
高扩散率（低比重）的石油产品和原油	Y	Y	Y
低扩散率（高比重）的沥青质原油、油渣及风化的油	（2）	X	（2）
含蜡原油	（2）	X	（2）
乳化油	（2）	X	（2）
非扩散性油类	X	X	X

说明：

1 表示只有在防止火灾的情况下才应用消油剂，由于这些油的高挥发性和高毒性通常不使用消油剂。

2 表示效力严重受限或没有效果。

X 表示溢油分散剂没有效果。

Y 表示溢油分散剂对于新鲜的油类有效果。

在喷洒溢油分散剂后，应监视喷洒效果，以保证喷洒作业的有效性。由于油膜厚度不均，某些部位的油膜很有可能在第一次喷洒后不能分散。这时候就需要进行二次喷洒将余油分散掉。如果喷洒后，观察结果显示分散剂的效果不明显或者无效，就应减少喷洒作业，并对分散剂的适用性进行再评估。

溢油分散剂虽然对清除海面上的油污有一定作用，但也会对海洋造成会造成二次污染，并不是使用了溢油分散剂就一定会减少污染损害。如果油污染发生在渔业资源保护区，使用溢油分散剂会对鲍鱼、海胆、海参等海珍品产生更大的负面影响。

五、围控和回收作业的评估

1. 围控系统和作业方式

海上作业通常用两条船以 J 型或 U 型拖带围油栏来围控和集中溢油，收油机从一条船上布放。两条船先以 U 型拖带围油栏围控集中溢油，产生效果后改为 J 型方式以便布放收油机开始回收溢油，储油设施在船上或拖带在水面上。有时使用 3 条船，两条船以 U 或 V 型方式拖带围油栏集中溢油，第三条船在 U 或 V 型顶端释放收油机清污。在围控和回收溢油过程中应根据条件变化不断调整作业方法并熟练操纵船舶和设备。通常作为工作平台的船舶应该具有起重机，操纵灵活，能快速就位，并在抗风和流的情况下能低速保持航向。

为了更好地适应操作，油的围控、回收和储存设备可以组合在一条船上，利用船的一舷或两舷配备刚性或柔性围控设备，溢油被围控在围油栏和船壳中间通过收油机回收。或者一些专用船舶，可使油通过船壳通道被回收，然后输送到船上储油装置。海上围控和回收作业过程中应充分考虑浪高、风向和风速等海况条件，否则回收作业将会受影响。船舶驾驶和设备操作人员应该经过训练，因为在低速（0.7～1 kn）情况下驾驶双体船舶需要很高的技术。由于溢油在海面上会大面积扩散，在海上进行围控和回收作业时需要监测飞机引导船舶去到油膜厚的地域。飞机与作业船舶间需要具备有效的通信手段。

2. 溢油回收船

一些船舶专门设计用来回收海面溢油，船舶上配备了必要的设备和设施而无需围油栏。有的用于开阔海域清油作业，但大多数船舶相对较小主要用于港口和遮蔽水域的清油作业。根据设计的不同，溢油回收装置的主要构造有堰型、亲油型（如刷式、带式）或感应等类型，这些船舶都有两个作用：一是平时用于回收港池内的杂物，二是在溢油应急反应中参加清污行动。

六、临时储油装置合理性评判

溢油应急行动中，应根据溢油种类、黏度以及溢油水域条件、浪高来合理选择临时储油装置，其评判标准见表 3-8。

表 3-8　临时储油装置合理性评判

操作条件	装置类型	船舶液货舱	驳船	可拖带油罐			溢油回收船			
				柔性管型罐	敞口充气型	枕型罐	堰型	亲油型	感应型	其他
油种	轻质	o	o	o	o	o	—	—	—	
	中质	+	+	+	+	+	o	o	o	
	重质	+	+	+	+	+	+	+	+	
黏度	低	+	+	o	o	o	o	o	o	
	中	+	+	+	+	+	+	+	+	
	高	+	+	+	+	+	+	+	+	
水域条件及浪高/m	平静水域（<0.3）	+	+	+	+	+	+	+	+	
	遮蔽水域（0～1.0）	+	+	—	—	—	—	—	—	
	开阔水域（0～2.0）	+	+	—	+	—	+	+	+	
	开阔恶劣水域（>2）	+	+	—	—	—	+	+	+	

注：+表示推荐；o 表示根据实际情况决定；—表示不推荐。

第三节　岸线清除和保护措施评估方法

岸线受到溢油污染后，由于岸线地形复杂，污染面积大，需要大量的人力和物力进行保护和清除，对于不同的岸线应采取不同的保护和清除措施。同时岸线溢油围控和清除由于需调用的人力物力资源有限，不可能同时对所有遭受污染的岸线进行清除，因此，必须按照岸线的优先保护次序进行清污行动，根据岸线具体情况来确定保护和清除措施。

一、岸线溢油特点

进行岸线溢油清除和保护之前，不仅要考虑岸线优先保护次序，而且还应考虑溢油种类、水文气象以及岸线的具体情况（如岸线的地理环境、岸线结构等因素）。

1．油污类型及特性

石油原油是指从自然界开采出的原油，是碳氢化合物的混合物，其主要成分为石蜡烃、环烷烃、芳香烃等，品质随各产地有所不同。而石油制品是指石油原油经蒸馏、精炼或掺配所得，包括汽油、柴油、煤油、轻油、液化石油气、航空燃油及燃料油等。了解原油及其制品的组成及性质，将有助于在溢油事件发生后，能够妥善及时地进行清理，其大致可归类为轻质油、中质油、重质油及超重质油四种。溢油事件中油品性质及相应的处理行为，大致分为四类，如表 3-9 所示，进行清污行动时可以依据泄漏油品的种类适时采取相应措施。

表 3-9   油污类型及特性

类型	典型油品	密度/（kg/L）	特性
第一类： 轻质油	喷射燃油、汽油、煤油	<0.8	高挥发性（1～2 d 可蒸发完毕）； 含高浓度可溶解毒性物质； 蒸发快，不易累积； 会区域性地严重影响污染水域环境； 无需使用分散剂，不必清理
第二类： 中质油	柴油、2 号燃油、 轻原油、中东原油	0.8～0.85	中度挥发，几天后会有残留物（可达 1/3 的泄漏量）； 含中浓度可溶解毒性物质，特别是蒸馏产品； 对被污染区域内的生物有长期性的潜在污染危险； 可与悬浮泥沙混合及吸附，对水面下生物有危害； 无需使用分散剂，可有效清除
第三类： 重质油	多数种类原油、 阿拉伯轻质原油	0.85～0.95	约 1/3 量会在 24 h 内蒸发； 最大可水溶部分为 0.01‰～0.1‰； 对被污染区域内的生物有长期性的潜在污染危险； 对水鸟及毛皮哺乳动物有严重危害； 分散剂可在泄漏 1～2 d 内使用； 尽快处理则可有效清除
第四类： 超重质油	重原油、重柴油、6 号 燃油、Bunker C 油	>0.95	少量可蒸发或分解； 最大可水溶部分小于 0.01‰； 对被污染区域内的生物有长期性的潜在污染危险； 对水鸟及毛皮哺乳动物有严重危害（附着或吞入）； 有长期的沉积污染趋势； 风化程度缓慢； 分散剂不太有效； 对海岸线清理相当困难

2．岸线分类方法评述

岸线是一种自然资源，按不同的地理环境可分为近岸带、潮汐带和岸线带 3 个部分。如果将岸线按其结构和质地的差异进行分类，可分为以下 15 种岸线类型（见表 3-10）。

表 3-10　不同岸线类型

沙滩	沙子平地	基岩平台	滩涂
沙砾石海滩	沙滩平地	基岩悬崖	入海湾口
小圆石海滩	小圆石平地	泥平地	人工构筑物
卵石海滩	卵石平地	沼泽	

不同类型的岸线结构和质地对溢油的吸附、溢油渗透和溢油滞留系数都有很大差异，这些差异可以用岸线对溢油的敏感性来描述。不同类型岸线溢油污染的特征见表 3-11。

表 3-11　不同类型岸线溢油污染的特征

岸线类型	粒径范围/mm	溢油状态描述
岩石、人工构筑物、砾石等	>250	溢油往往被反射的波浪从露头的岩石和悬崖处冲走，但也可能被抛掷到粗糙或多孔的岩石表面聚集起来。在潮汐冲刷地区，油集中于岩石潭中，也可能附在潮汐区岩石的表面
鹅卵石、卵石、扁卵石等	2～250	溢油的渗透性随石块的尺度增大而增加。在强浪冲激区，岩面石块由于冲蚀会很快干净，而渗入沙石里的油会存留。低黏度油随自然界水的运动而被冲出沙石
沙滩	0.1～2	油在沙滩上的渗透性取决于沙粒大小、地下水深度及排水性能。粗沙粒往往是陡峭的斜坡，在低水位时枯干，以致低黏度油的渗透程度显著。细沙沙滩由于潮水的周期作用总是湿而平坦，因此只会渗透少量的油。但在风暴期间，油可能被埋于沙滩
泥地（泥滩、湿地、红树林等）	<0.1	泥地具有低能环境的特征，且被水浸泡，所以油很少渗入泥地而长期停留在泥地表面。如果溢油与风暴同时发生，则油能与沉积物相混并长期存在下去。泥地上动物的洞穴和植物的根须可能造成油的渗透

二、岸线溢油清污方法

1．移除法

（1）人工移除法

目的：从岸滩移除不能被天然降解的油，被油污染的砂、草木及其他残片。

描述：纯手动，耙子、铲子、叉子、吸附材料及以上各物品包装运输装备等。一般不使用机械装置。

应用：此方法可用于大多数岸滩类型。

局限性：此方法耗时和耗人力，并且在清除垃圾上时间消耗大，而在转运垃圾的途中也有可能会破坏环境；对植物来说，这种方法可能会破坏它们的根系。

操作方法：油层表面可以用吸附剂，如果已经有风干部分，可以用钢丝处理。少量的油可以用塑料袋或者别的东西进行处理，而大量油则需要用桶，箱或者别的临时贮油装置。贮油装置可以用船进行运输。

人工清除应注意：穿防护服，戴手套，穿鞋，擦保护霜；不要用未保护的部位接触油污；切断植物而不是连根拔起；把油污切小块；把油收集到可用一个人搬运的器具中。

后续工作：手动清理设备和海岸线。

（2）机械清除法

目的：用机械清除大面积油污。

描述：使用大量的设备对油污进行清除，利用收油设备、转运设备等把油污收集到临时收油装置中，然后进行机械运输。

应用：此方法是最主要的油污清除方法。在使用此方法中，要考虑大型机械如何运输到需要的地点。

限制：大体积的设备有时候不适合小规模的油污事件。使用此类设备会对动物生存环境造成一定的影响，有可能影响动物的栖息。此类设备通常很大，并且维护和使用所需的辅助设备有很多，同时转运这类设备也需要很多大型的设备。此类设备如果要作为快速反应，则消耗的人力物力过多，并且不够方便。

操作：使用一套机械设备对大面积油污进行清理。机械操作法主要按各清污设备的使用要求，另外主要考虑的部分是运输大型设备时应如何去做。

辅助工作：考虑机械的动力系统，及前后转运设备。

（3）真空收油机法

目的：清除近海油污。

描述：此方法用泵和贮油装置对近岸海水表面的油进行清理和收集，是收集海面油膜的最好的方法之一。此方法可在多种地区如近海入口等对油膜进行良好的收集。

应用：真空泵和油车主要用于转运油污，而收油机主要用于把油从海面上分离出来。

限制：此类设备不适合徒手搬运，并且对使用操作台有一定的限制。对轻油效果比较好，而对已经有所风化的油膜效果就不太好，并且在风大浪大的情况下也会对收油效果产生影响。

操作：收油机的口径取决于溢油种类。用围油栏把油污部分围起来，把设备放于接近油污的地区，把吸管朝向源头。当在远海进行操作时，最主要考虑的应该是如何将油污进行存贮和转运。

后续工作：此方法收起的油，实际为各占一定比例的油水混合物，所以应考虑如何将该油污水进行分离以便再生利用。

（4）喷沙法

目的：清除岩石表面上的油污。

描述：使用设备把细沙高速喷出，从而均匀覆盖油膜。一般来说，海岸上的沙不能直接利用，需要把沙进行筛选以免损坏机器。

应用：此方法主要用于岸边岩石和一些人工构造物，应用此法取决于油的类型和状况。

限制：喷沙处理对动植物生存的生态环境有较大程度的破坏。

操作：此方法一般在退潮或低潮的时候进行处理，少量处理时可用铲子，大量处理时则应用机械。

2. 冲洗法

（1）水冲洗法

目的：对海岸边或岸边岩石进行冲洗。

描述：用大直径管线进行冲刷。对于孔隙大的海岸，进行冲刷能使油渗到底部而被海水带走。

应用：此方法主要用于粗糙的砾石表面。一般来说，此方法不适用于细沙区、沼泽、塘地以及落差较大的海岸。

限制：对黏度较大的油不适用，对于环境敏感区不适用。

操作：使用泵及管线进行冲洗，通常使用两套系统同时进行。

应用此法需考虑以下几点：海岸线长度、冲洗区域宽度、海岸的多孔性以及地下水深。

（2）人工冲刷法

目的：把油污从岸滩冲回水中，然后在水中进行收集。

描述：用低压水把岸上的油冲向较近的水区，从而减轻收油的难度。在冲刷过程中有时可使用热水冲洗。

应用：此方法可用于冲刷砂石岸滩，一般而言，此方法不适用于细沙区、沼泽、塘地以及落差较大的海岸。用此方法可稀释溢油，从而利于回收。

限制：此方法有可能将油污渗入地下水路。并且可能会导致以下一些潜在危害，如表面生物群的大量死去、破坏动物的生存环境、涨落潮有可能会污染干净区域、可能导致坡下生物群落的死亡。因此，选用此法需要对使用地点、设备、水温等进行慎重考虑。

需要的管泵数量与油的种类、清洗区域面积以及海况有很大关系。

（3）高压水对点冲洗法

目的：用于移除岩石等坚硬表面的油污。

描述：高压水对点冲洗几乎能移除所有的表面污渍。有时会用热水或蒸汽提高效果。

应用：此方法主要适用于小区域及一些风化、半风化的油。此方法可用于岩石、卵石、原木树及人造的码头海堤船等。不适用于岸滩。

限制：此方法会破坏植物的生存环境，有可能破坏人造建筑物。

操作：当有部位需要使用该法冲洗时，其他邻近地方应用塑料布进行遮盖，并有合适的方法收集最后冲洗产生的油污水。一般情况下，使用高压水对点冲洗法都是从最高点到最低点进行冲洗的。

（4）蒸汽清洗法

目的：此方法可从岩石、卵石、人工建筑上清除高黏度油。

描述：使用中等压力蒸汽对表面进行清除。此方法通常要求有预防措施以防周围环境受到影响。同时也要采取保护措施，防止蒸汽对人造成伤害。

应用：此方法主要应用于不适合采用点冲洗和普通水冲洗的基岩，卵石和人工建筑等。

限制：动植物会受高温影响，因此该法不适合在有大量动植物的区域内采用。

操作：一般从最高点向低点进行清除。清除后产生的油污水应使用收油机以及油污转运装置进行回收运输。

（5）清洗剂清洗法

目的：从一些表面材料上清洗油污。

描述：使用大型或便捷式装置喷洒清洗液，清洗液可根据实际情况放入冷水或热水中。某些情况下可使用活性分散剂。

应用：此方法用于清洗某些岩石和人工构造物表面。

限制：此方法不用于岸滩及海岸线，以防止清洗剂会对水中生物造成影响。

操作：处理后的油污水使用油水分离装置进行分离，分离后的水直接排入海中。

注意事项：根据不同的情况选用不同的清洗剂。对于大型污染，可采用多种清洗剂配比使用，并有相应措施处理产生的油污水。

3. 原位处理法

（1）吸附法

目的：使用人工材料或天然材料进行吸附。

描述：吸附材料通常安装在溢油表面的坡下部位。当油被波浪及潮汐冲刷起时，吸附材料可以将油进行吸附。

应用：此方法可用于油运动方向被预测之后，在预测位置进行布置等待。该方法适用于对人和机械操作比较敏感的地区。

限制：此方法是劳动密集型方法，将消耗大量的时间和人力，并且对油污的处置不够及时有效。

（2）沉积物处理法

目的：此方法是打破已形成的油膜，加速风化和自然降解的速度。有利于加速波浪冲刷的效果。

描述：此方法是打破薄沥青层或中等大小的油污沉淀物，其目的是为了把更多的油能暴露在物理微生物及光化学降解的环境下。可以使用部分机械设备或人工进行，取决于所需操作的地区大小。此方法不会将油污清除，但却可以提高油污的自然降解过程。

应用：一般来说，该法对碎石岸线或混合型岸线具有较好的操作性，用于轻油对岸线表面或近表层的操作。如果被重油污染的沙滩，其有可能使石油停留更长的时间。

限制：此方法不可用于有贝类区或鱼类产卵区，因为在某种情况下，油可能会深入沉淀物以延长其持久性。

操作：此方法使用类似农业耕作使用的设备。操作应从远离海的一面开始进行，设备应在退潮时使用，以免发生设备被潮水淹没。

后勤：一般使用一个拖拉机和耕作设备即可完成工作，除非所需工作面积极大。在要求高的情况下可使用高速拖拉机和宽幅耕作设备。

（3）生物修复法

目的：利用微生物加速油天然降解速度的方法。

描述：能加速油天然降解的微生物存在于大多数岸线，当油污多时，其生长速度大幅增加而提高油的天然降解速度，而当养分供应较少时，微生物迅速死去，因而自然降解速度会下降，该法正是提高养分，使微生物能保持较高的降解效果。

（4）燃烧法

目的：通过燃烧部分油污，来降低需要处理的油污量。

描述：燃烧被油污染的有机物原木等，其目的是有选择地去除重油而不是所有。通常，要注意保护未受污染的树木，以免被意外燃烧。应采取适当的预防措施。

操作：燃烧法主要适用于有植物被重油污染的情况，只要安全上允许，此方法可适用于任何类型岸滩。此方法的使用应通过当地有关部门的允许，符合当地的空气质量法，在燃烧前，为了安全，应对此次操作做足准备工作。较大的物品应被裁小，以便于控制。在进行操作前，消防设备也应准备就绪，以免发生意外。如发生下雨等情况，可使用鼓风机控制燃烧方向并加速燃烧。

限制：不应燃烧非有机的或潮湿的物体如油塑料和吸附材料等。露天焚烧会引起很大的黑烟，应注意避免。通常情况下，类似的燃烧应当通过当地空气质量机构或土地拥有者的许可。燃烧产生的热可能会对附近的生物产生影响。且燃烧最好不应在强风的条件下进行。

后勤：主要工作集中在维持燃烧和控制火势。一般只要燃烧起来，火是可自我维持的。但有时候采取一些助燃剂也是有必要的。

（5）化学处理法

目的：化学处理能极大地提高油污的处理效率。

描述：最常见的化学处理手法有分散剂和清洁剂，把油变成小碎滴以便于回收，这两种化学物品的机制完全不同，一种是分散石油，另一种是把不易从表面清除的油变得易清除。

应用：此方法主要应用于砾石，基岩或人造构筑物，温热的天气和黏度较大的油。当油持续变得难以冲洗时，此方法可以较好地使用。同时它对清除在地表附近沉积物上黏带的油有良好的效果。

限制：分散剂不建议在环境敏感区使用，其会增加水中的石油浓度，影响产卵和迁徙中的鱼类。在使用这项方法前一般要做生物毒性测试和水样检测。对于分散剂而言，毒性不仅仅是其本身，同时也包括被分散到水中的石油。

操作：一般将其喷洒到被油污染的沙，然后使其浸泡一段时间。可以使用手持小型喷洒设备，同时也可以使用大型机械设备。在使用化学制剂后，通常使用温水冲刷，同时也可用潮水或波让石油漂浮在水面，从而使用一般的收油设备进行回收。

注意事项：使用此方法通常依赖于化学制剂是否能较好地溶解油，它还依赖于地区的大小。一般而言，如果使用地区过大或重油过多，使用的制剂需求会更大。化学制剂使用量是和地区大小及重油的种类成正比的。

（6）自然复原法

目的：自然复原法是尽量减少对环境的影响，使其自然降解石油的方法。

描述：不采取任何措施，将石油留在海岸线上自然处理，如蒸发，土壤侵蚀，生物降解，光氧化，溶解和分散。

应用：自然恢复，首选高度暴露的海岸线，被轻质至中质油污染的粗颗粒沉积物。在波和其他自然行为下短时间内可以清除大部分的石油。有时在受污染的海岸线很少，或者无良好机会进行清污工作的时候（如清污将造成严重的生态影响，或有安全因素对其制约），也可采用此方法。

限制：自然复原法不适用于波或潮水冲刷能力较低的情况，或是重油（因为其将持续相当长一段时间），特别是在短时间内会产生大量毒性的油。对于比较容易清除的油，或油在此将对周围的敏感资源产生很大影响的时候，也不推荐此方法。

操作：不采取任何行动，但应定期检查海岸线，以确定是否具有足够的天然清洁能力，监测是否会影响到其他地区。

自然复原取决于溢油种类，溢油面积，油污厚度，植物种类、生长速度以及季节等多方面因素。对于轻质油，因其较容易挥发，通常在较少年限就可以恢复，但如果条件恶劣，则有可能长达 10 年以上不能复原。

三、岸上清污措施合理性评判

当油污危及海岸线时，油污清理指挥者必须迅速决定在何处布下拦油设施以保护海岸免受油污侵袭，这时，指挥者应考虑下列问题：

第一，哪些海岸（或地区范围）最易受油污影响：不同种类的海岸都或多或少地具有敏感度，即易受油污造成损害冲击的脆弱程度，特别是湿地、沼泽等尤其敏感，因为油污危害该地区生物且清理困难。

第二，哪些地区能够受到保护：通常地区性的应变设备的数量有限，例如浮子式围油栏虽能有效阻挡浮油，但由于长度有限或布设能力有限，必须决定在哪里布置有限的设备才最为有效。

第三，哪种应变措施或清理方式最合适：油污在海上扩散初期进行油污清理其实相当简单，围控、回收、储运或使用分散剂等都是常用方式，但当油污无法及时阻挡且靠近海岸甚至接触时，问题就变得相当复杂，清理方式如焚烧、冲洗、挖除、生物处理等相当多元化，每种方法又适合于不同海岸类型，且对海岸及生态的二次影响程度各有不同。

第四，哪些敏感地区不适合机械出入：有些清除设备及器械必须由陆路到达海岸边，但重型机具并不适合行进于松软土地（如湿地、泥滩等）或礁岩，其震动干扰也可能破坏某些敏感动物栖地，因此有必要选取适当运输路径或改变应变清理方式，例如变更以人工或轻型可携带式机具等。

岸线清污措施合理性评价见表 3-12。

表3-12 岸上清污措施合理性评判

油种	岸线类型	移除法			冲洗法				自然恢复	岸滩围油栏④	分散剂		吸油材料		
		机械清除	喷砂	真空泵吸	人工清除	常压海水冲洗	高压冲洗	蒸汽冲洗			常规型	浓缩型	片状	掸子型	吸油索
挥发性油类①	岩石、人工构筑物	—	—	—	—	+	+	—	+	—	o	—	—	—	—
	卵石、砾石、圆砾石	—	—	—	—	+	o	—	+	—	o	—	o	—	—
	沙滩（不同粒径）	+	—	—	—	o	—	—	+	—	o	—	o	—	—
	淤泥滩、沼泽、红树林	—	—	—	—	+	—	o	+	—	o	—	—	—	+
轻质油②	岩石、人工构筑物	+	—	+	+	+	+	—	+	—	o	—	o	+	+
	卵石、砾石、圆砾石	+	—	+	+	+	+	—	+	—	o	—	o	+	+
	沙滩（不同粒径）	—	+	o	+	+	+	—	+	o	o	+	+	+	+
	淤泥滩、沼泽、红树林	—	—	o	o	o	—	—	+	+	o	+	+	+	+
中质油	岩石、人工构筑物	+	o	+	+	+	+	o	+	—	o	—	o	+	+
	卵石、砾石、圆砾石	+	—	+	+	+	+	—	+	+	o	—	o	+	+
	沙滩（不同粒径）	—	+	o	o	o	+	—	+	+	o	+	+	+	+
	淤泥滩、沼泽、红树林	—	—	+	+	+	—	—	+	+	o	+	+	+	+
重质油③	岩石、人工构筑物	+	o	o	+	+	o	—	+	—	o	—	o	—	+
	卵石、砾石、圆砾石	+	—	o	o	o	o	—	+	+	o	—	o	—	+
	沙滩（不同粒径）	—	o	o	+	—	—	—	+	+	o	—	—	—	+
	淤泥滩、沼泽、红树林	—	—	o	o	o	—	—	+	+	o	—	—	—	+
风化固态油	岩石、人工构筑物	—	o	+	+	—	o	—	o	+	o	—	+	+	+
	卵石、砾石、圆砾石	+	o	o	+	—	—	—	o	+	o	—	+	+	+
	沙滩（不同粒径）	+	—	—	+	—	—	—	—	+	o	—	—	—	+
	淤泥滩、沼泽、红树林	o	—	—	o	—	—	—	—	+	o	—	—	—	+

注：①指汽油和轻柴油等易于挥发的油类；②轻质燃料油（低黏度）；③风化的或重质石油或燃油（高黏度）；④岸滩型围油栏适用于油污尚未上岸之前时。
+表示适宜采用；o表示可以采用（这项措施的可行性及效果，但要视具体情况而采用）；—表示不适宜使用。

第四节　预防措施的评估方法

一、预防措施

根据《2001 年燃油污染损害民事责任国际公约》中的定义，预防措施是指"溢油事件发生后，为防止或减轻污染损害而由任何人所采取的任何合理措施"。措施是否合理，应根据具体情况予以确定。

总的来说，应当使采取措施产生的费用，以及因此造成的进一步的损失或损害减少到最低程度。采取预防措施必须是为了防止或减轻已实际发生的或可以合理预见必然发生的污染损害。

清污时应综合考虑利弊，结合事故海域生物群种和海区特征，选择恰当的措施，并控制特定清污措施的过度使用，在防污清污的同时尽量避免和减小预防措施的负面作用。

根据《油污索赔指南》的规定，由于防止和减少污染的措施与污染损害是否恰当难以评估，所以只要措施本身和支付的费用在当时情况下都是合理的。

为防止或降低油污损害而采取的各种预防措施的索赔当中，可能包括从构成严重污染威胁的失事油轮中移去残油（货油及燃料）而支付的费用，也包括采取海上、沿海及岸上清理措施而支付的费用。这些预防措施可能要使用专业设备及物料，如围油栏、撇油器及消油剂，以及使用非专业化的船只、车辆及人力。处置回收的溢油及油渣所需费用以及由预防措施造成的进一步的损失或损害也包含在内。

例如，如果清理活动损坏道路、桥墩或堤坝，修复它们的费用（抵扣正常磨损后）也是合理的。

二、索赔的评估标准

因采取预防措施而提出的索赔，其评估是有客观标准的。一国政府或公共机构决定采取的某些预防措施，本身并不意味着这些措施及相关费用就适用公约而言是"合理"的。"合理"一词的普遍解读是：处理溢油事故所采取的措施或使用的设备，以决策时所做的专业技术评估为尺度，可能已经成功地降低或防止了油污损害。但应急措施被证明无效或事后表明应急决策不正确的情况，不能成为其费用不具备索赔资格的理由。然而，如果出于"做秀"的考虑而故意采取明知无效的措施，这种纯为公关目的而采取的应急措施是不会被视为合理的。

多数的溢油清理技术已存在多年，其使用局限在经过以往在世界各地溢油事故中的应用后已被充分了解。但也得承认，即使进行了全面的技术评估之后，"合理"与"不合理"措施之间的界限也并不总是那么清楚。而且，由于溢油的风化或其他情况的变化，在事故早期采用的技术上合理的某一措施，在一段时间之后可能不再适用。因而，要由经验丰富的人员密切监控所有的清理措施，不断地评估其有效性。这一点很重要，一旦发现某一方法的效果不再有效，或正在造成不当的损害，就应该停止使用。

另外，无论采取措施的地点在哪里，只要目的是为了防止或减轻污染损害而采取的合理措施，都是被允许且必要的，所产生的费用也应得到赔偿。例如，为了避免或减轻领海或专属经济区内的污染损害，在公海上做出溢油应急反应，这种反应原则上是符合赔偿要求的。只要污染损害威胁的情形严重且迫在眉睫，即使未发生泄漏，采取预防措施所产生的费用也是合理的，应予补偿。

第五节　清污和预防措施评估软件

针对一起溢油事故的应急行动会涉及有关政府部门、海事管理机构、清污公司以及各种社会力量等，可能动用飞机、车辆、船舶，各方人力、物力、财力，非常复杂。通过建立清污和预防措施评估软件，构建系统、规范和高效的索赔与评估体系，提供统一的统计与计算方法，对于提高我国油污损评估工作的管理水平具有重要作用。

一、软件的结构和功能

1．软件目标和功能

通过建立损害评估软件，完成海上船舶溢油清污与预防措施索赔、评估与赔偿费用的记录和统计，将海上清污和预防措施的评估内容规范化、系统化，最终形成油污损害赔偿评估报告。软件的完成有利于合理规范索赔者的索赔请求，有利于统一尺度，提高效率。

本软件功能主要为：①可实现对溢油情况、清污情况和索赔情况的规范化软件申报功能；②可实现对赔偿调查内容的查询、统计、分析及比较。

2．软件结构

本软件使用 VC 编写，后台数据库使用 MS SQL Service 软件。

本软件的结构主要分为三个层次：第一层为溢油污染基本信息层，主要记录溢油事故发生情况、发生事故时的自然条件、溢油污染范围及程度等；第二层为分类索赔信息层，统计记录采取清污措施的基本情况、财产损失的基本情况；第三层为费用统计层，按照分项的具体特点将评估内容进行分解成基础单位，分类填写。

3．软件的构成和分层

该软件主要构成内容、表格信息以及填写流程见图 3-1。

虚线内为该软件内容。"基本情况表"为该损害内容背景情况，不直接参与费用的统计和计算；费用明细表为索赔内容的细化。

软件采用如下分层方式：第一层，溢油事件；第二层，事件下可以建立多个索赔人；第三层，索赔人下建立索赔内容，索赔内容由索赔分类表和费用明细表构成。

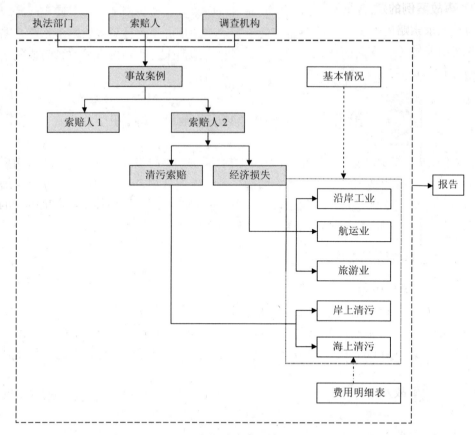

图 3-1　软件构成和填写顺序

二、软件的使用

1．系统准备

使用前应打开 MS SQL Service 软件。

本软件为免安装版。使用时对软件包进行解压缩，双击 OOOS.exe 文件进入本软件主界面。

2. 事故案例的建立

为了记录索赔内容，首先应建立一个新的案例。单击新建，出现事故案例对话框，填写事故案例编号（事故地点英文+事故发生时间）、事故案例名称和事故案例负责人，并单击"确定"按钮。

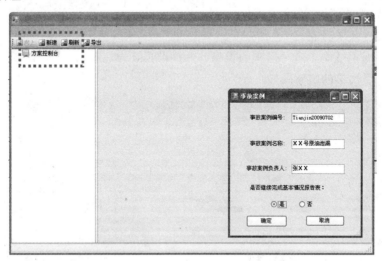

3. "溢油事故基本情况"的填写

案例建立后，首先进入的是"溢油事故基本情况"填写属于本软件结构中的第一层，负责统计溢油事故发生情况、发生事故时的自然条件、溢油污染范围及程度等相关基础信息。

该层次包含"事故简况"、"溢油情况"和"威胁区域措施"三部分内容。该层作为溢油事故基础信息保存，为判断清污措施合理性和财产损失的相关性提供依据，没有计算内容。

可以通过页面标签或"下一步"对该层的三部分内容进行切换。

（1）"事故简况"的填写

"事故简况"填写主要包括：①报告人信息：姓名、工作单位、手机号码及报告时间；②船舶信息：事故船舶、码头或水上过驳点名称、船方联系方式、船籍、船东、保险公司、船舶种类、吨位和货种；③事故情况：事故发生的时间、地点，事故发生原因。

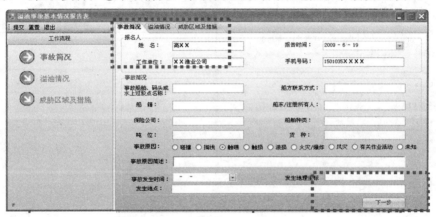

（2）溢油情况

"溢油情况"填写主要包括：①溢油时间、溢油量、溢油运动方向和船舶溢出部位等事故发生后的溢油情况；②溢油种类特性：溢油种类（原油、柴油等）、溢油理化性质（包括密度、闪点、倾点、运动黏度等数据）；③事故天气情况：气温、风速、海况、流速、风向、能见度、潮汐情况等。

（3）威胁区域及措施

简要填写海上及岸上清污措施的类型，并简要描述填写报告时预测的油污方向、位置及估计下一步受污染的敏感区域。

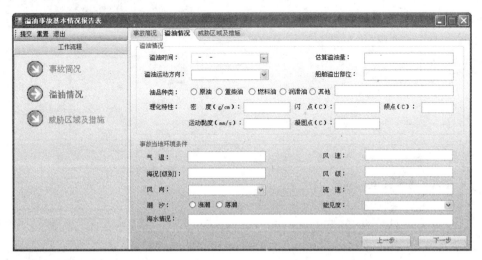

4. 索赔人的建立及索赔内容的选择

（1）索赔人的建立

将三部分内容填写完毕后，单击"提交"按钮，将数据存入数据库。点击"确认"后系统自动关闭"溢油事故基本情况报告表"，并自动进入主界面。然后点击"刷新"，在主界面左侧"方案控制台"下可以看到新建的事故。右键点击事故，新建"索赔人"（单位）。"溢油事故基本情况"作为统一信息内容保存，不需要进一步填写。

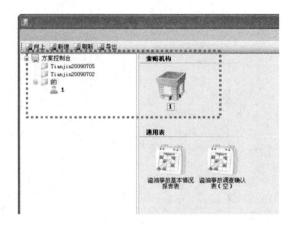

（2）索赔内容的选择

在"索赔人"上新建"创建表"，按照表格分类来选择索赔内容。

①首先需要选择"索赔分类表"：将油污损害内容分为经济损失及清污费用两部分。

首先选择"清污和预防索赔"，在其右侧的选项中出现"海上清污"及"岸上清污"的索赔项。

选择"经济损失"项，则右侧出现"旅游业""沿岸工业"及"航运业"3个按照行业类型划分的索赔申请表。

如果选择完成，需要填入表名（对该表进行区分），然后点击"创建"项。

②"费用明细表"是具体索赔内容表，通过该表进行损失金额的计算和统计。该组表共包含包括"人工费用"在内的22个单表。选择"费用明细表"的选择具体明细表内容后，需要对该明细表表现的索赔内容进行关联（如下图，将"人工费用"关联到上一步建立的"岸上旅馆"，"人工费用"便是"经济损失"中的"旅游业损失索赔"下"岸上旅馆"的一个索赔单项）。"岸上旅馆"选择完成，需要填入表名（对该表进行区分），然后点击"创建"项。

③索赔人可以在单个事故下建立多人（单位），同样索赔内容也可以在单个索赔人下建立多个损失分类表和明细表。在创建索赔表名称时，应尽量反映索赔人（单位）称谓和索赔内容的情况，如一个海水淡化公司申报设备损失费用，可以将"费用明细表"命名为"海水淡化公司——经济损失——不具有维修价值损坏设备的剩余价值及更换费用明细表"。下图对某一索赔人建立的索赔内容。

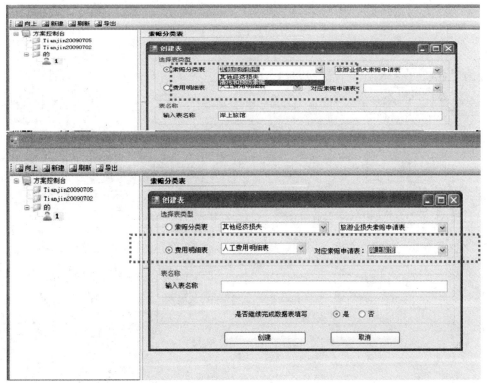

第四章　渔业损失评估程序、方法和软件

第一节　溢油事故渔业污染损害评估程序

溢油污染对渔业生物的影响随溢油品种、时间、地点的不同而不同。每种油的密度及沸点不一样，特别是水溶性、芳香烃含量、不同时间的蒸发量都是不一样的，所以造成其生物累积程度和持续时间都有差异，最终致使不同油品对生物和环境的毒害具有差异性。因此当某一溢油事故发生，油品进入渔业水域，会损害渔业水体的使用功能，影响渔业水域内的生物繁殖、生长或造成该生物死亡、数量减少，以及造成该生物有毒有害物质累积、质量下降等，对渔业可能造成各方面的损害。为及时、客观、科学地评估溢油事故造成的渔业污染损害，参照《渔业水域污染事故调查处理程序规定》（农业部 1997 年 3 月 26 日发布），提出溢油事故渔业污染损害评估程序。

溢油事故渔业损害评估程序内容如图 4-1 所示。分为调查与取证、损失评估两大部分。

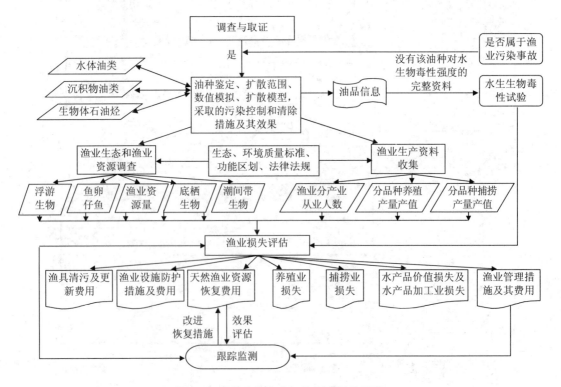

图 4-1　溢油事故渔业污染损害评估程序

一、调查与取证

相关渔业污染事故主管机构，在发现或接到溢油事故的报告后，首先填写溢油事故报告表，内容包括报告人、事故发生时间、地点、污染损害原因及状况等。然后对事故作出初步判断，同时尽快组织相关人员进行调查与取证。调查与取证分溢油事故影响调查、天然渔业资源损害调查、海洋捕捞生产损害调查、养殖生产损害调查和水产品加工业损失调查5个方面。具体根据不同的溢油事故的可能影响，实施部分或全部的调查与取证。

1. 溢油事故影响调查

通过与海事部门联系，获取溢油事故调查确认表（见表4-1），确认实际溢油事故状况。同时根据需要和可能，对事故海域进行溢油污染的现场跟踪调查，开展溢油油种对生物的毒性效应试验。

表 4-1　溢油事故调查确认表

事故名称：＿＿＿＿＿＿＿＿＿＿＿＿　　事故编号：＿＿＿＿＿＿＿＿＿＿＿＿

报告人	姓名		工作单位	
	手机号码		报告时间	
事故简况	事故船舶、码头或过驳点名称		船方联系方式	
	船型、吨位及装卸货种等			
	事故原因	□碰撞　□搁浅　□触礁　□触损　□浪损　□火灾/爆炸 □风灾　□未知 简单描述：		
	发生时间	月　日　时　分	发生地点 （地理坐标）	
事故当地环境条件	气温/℃		风速/（m/s）	
	海况等级		流速/（m/s）	
	风向		能见度/m	
	潮汐	□涨潮　□落潮	潮位	□高　□中　□低
	海冰情况		溢油流向	
	水域条件	□平静水域　□平静急流水域　□遮蔽水域　□开阔水域 □开阔恶劣水域　□其他＿＿＿		
溢油情况	溢油时间		估算溢油量	
	溢油运动方向		船舶溢出部位	
	溢油种类	□原油　□重柴油　□燃料油　□润滑油　□其他＿＿＿		
	溢油理化性质	密度/（g/cm³）	闪点/℃	倾点/℃	运动黏度/（mm²/s）

溢油特性	溢油特征	☐新鲜　☐已乳化　☐奶油冻状　☐焦油　☐沥青　☐结块 ☐其他_____		
	溢油分布特征	☐连续　☐断裂　☐局部　☐零星　☐少许		
	油膜厚度	☐没有明显的油但能闻到油味　　　☐水面上能看到油光 ☐可见油层覆盖水面　　　　　　　☐油层较厚		
	油膜颜色	☐银白色　☐灰色　☐彩虹色　☐蓝色　☐褐色　☐黑色　☐黑褐色 ☐巧克力色　☐无色		
	油膜大小（长×宽）			
敏感资源	已受污染类型	☐渔场　☐增殖养殖区　☐海水养殖场　☐码头　☐沿岸工业 ☐滨海旅游娱乐区　☐红树林　☐珊瑚礁　☐海草床　☐其他名称_____		
	预计受威胁的类型	☐渔场　☐增殖养殖区　☐海水养殖场　☐码头　☐沿岸工业 ☐滨海旅游娱乐区　☐红树林　☐珊瑚礁　☐海草床　☐其他名称_____		
溢油污染岸线情况	岸线类型	☐人工构筑物　☐岩石　☐砾石　☐圆砾石　☐卵石　☐沙滩 ☐淤泥滩　☐沼泽　☐红树林　☐其他名称_____		
	受油污染的海岸线面积/（长度 m×宽度 m）		受污染岸线油层的厚度/cm	
已采取的防范措施	海上清污：☐围油栏　☐收油机　☐吸油材料　☐消油剂　☐油污废物处置 岸线清污：☐机械清除　☐人工清除　☐吸油材料　☐消油剂　☐常压/高压冲洗 ☐其他			
准备采取的防范措施				

2．渔业资源损害调查

按表 4-2、表 4-3 和表 4-4 的内容和要求，对事故海域的渔业资源进行损害调查。

表 4-2　渔业资源调查表

事故名称　　　　　　　　　　　　编号　　共　　页　第　　　　页

调查方式			☐拖网			☐张网				
海　区		船名		航次				站号		
油浓度	mg/L	站位类型	☐对照站　☐污染站			距溢油点距离				km
网具类型			网口面积				囊网网目尺寸			
拖网	放网：时间		位置		N		E	水深		m	拖速	kn
	起网：时间		位置		N		E	水深		m	拖速	kn
	拖网持续时间				min		扫海面积			km²
	总渔获量			（kg 或尾）			小时渔获量			（kg 或尾/h）
	尾数资源密度			（ind/km²）			重量资源密度			（kg/km²）
张网	位置			N			E	水深		m	平均流速	km/h
	有效作业时间				h	迎流网口面积			km²		
	总渔获量			（kg 或尾）			小时渔获量			（kg 或尾/h）
	尾数资源密度			（ind/km³）			重量资源密度			（kg/km³）

							全网渔获量	
种类	重量/g	尾数/ind	体长范围/mm	体重范围/g	逃逸率/%	幼体比例/%	重量资源密度/(kg/km²)或(kg/km³)	尾数资源密度/(ind/km²)或(ind/km³)
合计								

备注:

分析者:_____ 记录者:_____ 审核者:_____ 日期:_____

表4-3 鱼卵仔鱼调查表

事故名称　　　　　　　　　编号　共　　页第　　页

海 区		船名		航次			站号	
油浓度	mg/L	站位类型	□对照站 □污染站		距溢油点距离			km
位 置				N				E
网具类型		网口面积		m²	水深/绳长			m

	全网生物量			
种类	鱼卵数量		仔鱼数	
	粒/网	粒/m³	尾/网	尾/m³
合计				

备注:

分析者:_____ 记录者:_____ 审核者:_____ 日期:_____

表4-4 潮间带底栖生物调查表

事故名称　　　　　　　　　编号　共　　页第　　页

滩涂		断面		潮区			
位置	N		E	滩涂长度	m	滩涂宽度	m
油浓度	mg/L	站位类型	对照站　污染站	距溢油点距离			km
采泥器面积	m²/次	采集次数	次	总采集量			m²

	底栖生物栖息密度及生物量			
种类	重量/g	个数/ind.	生物量/(g/m²)	栖息密度/(ind./m²)
合计				

备注:

分析者:_____ 记录者:_____ 审核者:_____ 日期:_____

3. 捕捞业损害调查

按表4-5 的内容和要求,对事故海域的海洋捕捞生产进行损害调查。

表 4-5　捕捞业损失索赔申请表

事故名称：＿＿＿＿＿＿＿＿＿＿＿　　事故编号：＿＿＿＿＿＿＿＿＿＿＿

船　名①			船员人数/人	
常年作业水域②			有无批准证书	
溢油后捕捞位置③				
溢油前主要捕捞品种及其产量④				
溢油后主要捕捞品种及其产量⑤				
主要捕捞品种价格⑥			常年捕捞产值	
所用油种类	所用油单价	马力	油耗/海里	
溢油影响方式	□绕道行驶　□捕捞渔具污染　□捕捞产量下降　□渔获物受到污染 □暂停捕捞　□其他＿＿＿＿＿＿			
绕道天数	暂停捕捞天数	受污染渔获物数量		
防护措施种类及费用⑦				
受污染渔具种类及数量⑧				
受污染渔具维修或更新及其费用⑨				

说明：①指船舶证书上的船只名称、常年作业水域；②指捕捞许可证上规定的作业水域、溢油后捕捞位置；③指事故发生后实际的作业水域、溢油前主要捕捞品种及其产量；④指溢油后主要捕捞品种及其产量；⑤指事故发生前后主要捕捞品种及其产量的变化、主要捕捞品种价格；⑥指事故发生前当年或前 3 年的平均价格、防护措施种类及费用；⑦指应对事故采取的防护措施及其数量和投入的费用、受污染渔具种类及数量；⑧指事故造成受污染渔具种类及数量、受污染渔具维修或更新及其费用；⑨指对受污染渔具进行维修或更新及其费用。

4. 养殖生产损害调查

按表 4-6 的内容和要求，对事故海域开展养殖生产损害调查。

表 4-6　养殖业损失索赔申请表

事故名称：＿＿＿＿＿＿＿＿＿＿＿　　事故编号：＿＿＿＿＿＿＿＿＿＿＿

养殖品种及其养殖面积或投放量①				
平均产量②/t	已收获产量/t		平均价格/元	
养殖地点③		持续时间/天	雇佣人数/人	
前期投入④/万元	苗种价格：＿＿＿＿＿＿＿＿＿＿ 饵料价格：＿＿＿＿＿＿＿＿＿＿ 人　工　费：＿＿＿＿＿＿＿＿＿＿ 其　他：＿＿＿＿＿＿＿＿＿＿			
养殖类型	□网箱　□筏养　□吊养　□池（塘）养　□底播养殖 □滩涂养殖　□其他＿＿＿＿＿＿			
溢油影响方式	□养殖品种死亡　□养殖用渔具污染　□其他			
死亡数量种类⑤/t			损失金额	
不能食用种类及数量⑥			损失金额	
污染渔具种类和数量⑦		清污方式及其费用		
防护措施及其数量和费用⑧				

说明：①指事故发生前的数据；②指事故发生前 3 年的平均产量；③指事故影响范围内的具体位置；④指事故发生前已投入的各类费用；⑤指事故造成养殖分种类的死亡数量；⑥指事故造成虽不死亡，但不能食用的种类及数量；⑦指事故造成养殖设施受污染的种类和数量；⑧指应对事故采取的防护措施及其数量和投入的费用。

5．水产品加工业损失调查

按表 4-7 的内容和要求，对事故海域开展水产品加工业损害调查。

表 4-7 水产品加工业损失索赔申请表

事故名称：＿＿＿＿＿＿＿＿＿＿＿＿＿＿＿＿ 事故编号：＿＿＿＿＿＿＿＿＿＿＿＿

企业名称[①]		雇员数量	
溢油前加工品种及其产量[②]			
溢油前加工品种主要来源地		溢油前原料（水产品）价格[③]	
溢油后加工品种及其产量[④]			
溢油后加工品种主要来源地		溢油后原料（水产品）价格[⑤]	
溢油影响方式	□原料不足（半）停产 □原料价格上涨 □改变原料来源地，成本上涨 □其他		
（半）停产时间（天）		减少雇员人数[⑥]	
经济损失[⑦]			

说明：①指注册的企业名称；②指事故发生前 1 年或前 3 年平均加工品种及其产量加工品种及其产量；③指事故发生前加工的原料（水产品）价格；④指事故发生后加工品种及其产量；⑤指事故发生后该企业所进的原料（水产品）价格；⑥指事故发生后因原料（水产品）供应不足而减少雇员人数；⑦指因事故造成该企业的经济损失。

二、损害评估

渔业损害评估包括渔具清污及更新费用、渔业设施防护措施及费用、天然渔业资源损害的恢复费用、养殖业损失、捕捞业损失、水产品价值损失及水产品加工业损失、渔业管理措施及其费用和实施渔业损害跟踪监测费用等部分。具体根据不同的溢油事故的可能影响，实施部分或全部损害评估。

第二节 溢油事故的渔业污染损害评估方法

当溢油事故发生后，按渔业污染损害评估指标体系，首先确定渔业污染损害评估涉及哪一类损失，然后按这一类损失评估指标，获取各评估指标的参数，按确定的评估方法，输入计算公式进行计算。提出根据已有的参考文献和实验结果，比较溢油的理化属性和毒性效应值与已有资料的相似性，采用最相似油品的毒性效应公式估算溢油对海洋生物的损害程度，根据经验公式计算经济损失。

一、天然渔业资源损害评估

1．油污染对天然渔业资源造成损失的范围确定

渔业水质标准（GB 11607）规定：为保证鱼、虾、贝、藻类正常生长，水体中的油类浓度不得超过 0.05 mg/L，因此油类浓度超过 0.05 mg/L 的水域中水生生物已受到影响。油类对不同生物的毒性效应不同，根据溢油油种对生物的毒性效应值，确定不同生物的致死率浓度。在此基础上，根据现场监测结果，数模计算结果，确定油污染对各类天然渔业资

源造成损失的范围。

2. 天然渔业资源损失率和损失量的确定

由于溢油事故海域的任意性和复杂性，天然渔业资源量的确定视实际情况可采用不同方法。

①当拥有事故发生前近 5 年同期渔业资源调查历史资料和拥有事故发生后渔业资源现场调查资料的条件下，采用下式确定。

资源损失率按式（4-1）计算：

$$R = \frac{\overline{D} - D_{\mathrm{p}}}{\overline{D}} \times 100\% - E \tag{4-1}$$

式中，R 为资源损失率，%；$\overline{D}$ 为近年同期渔业资源密度，kg/km^2、尾/km；D_{p} 为污染后资源密度，kg/km^2、尾/km^2；E 为回避逃逸率，%。

渔业资源损失量按式（4-2）计算：

$$Y_{\mathrm{l}} = \sum_{i=1}^{n} \overline{D}_i \cdot R_i \cdot A_{\mathrm{p}} \tag{4-2}$$

式中，Y_{l} 为渔业资源损失量，kg、尾；$\overline{D}_i$ 为近年同期第 i 种渔业资源密度，kg/km^2、尾/km^2；R_i 为第 i 种渔业资源损失率，%；A_{p} 为污染面积，km^2。

②当无事故发生前近 5 年同期渔业资源调查历史资料，但拥有事故发生后，污染区和非污染区渔业资源现场调查资料，非污染区为与污染区相似生态类型的邻近区域条件下，渔业资源损失量按式（4-3）计算：

$$Y_{\mathrm{l}} = \sum_{i=1}^{n} (\overline{D}_{\mathrm{u}i} - \overline{D}_{\mathrm{p}i}) \cdot A_{\mathrm{p}} \tag{4-3}$$

式中，Y_{l} 为渔业资源损失量，kg；$\overline{D}_{\mathrm{u}i}$ 为对照区第 i 种渔业资源平均密度，kg/km^2、尾/km^2；$\overline{D}_{\mathrm{p}i}$ 为污染区第 i 种渔业资源平均密度，kg/km^2、尾/km^2；A_{p} 为污染面积，km^2。

③当天然水域可通过定点采捕调查获取渔业生物资源数据（如底栖性渔业生物）的条件下，渔业资源损失率按式（4-4）计算：

$$R = \frac{N_{\mathrm{l}}}{N_{\mathrm{t}}} \cdot 100\% - R_{\mathrm{mt}} \tag{4-4}$$

式中，R 为资源损失率，%；N_{l} 为采集到的损失生物数量，只；N_{t} 为采集到的总生物数量，只；R_{mt} 为自然死亡率，%。

渔业资源损失量按式（4-5）计算：

$$Y_{\mathrm{l}} = \sum_{i=1}^{n} S_i \cdot \overline{D}_{\mathrm{f}i} \cdot A_{\mathrm{p}} \cdot R_i \tag{4-5}$$

式中，Y_{l} 为渔业资源损失量，kg；$\overline{D}_{\mathrm{f}i}$ 为第 i 种渔业资源栖息密度，只/m^2；A_{p} 为污染面积，

m^2；S_i 为第 i 种渔业资源商品规格，kg/只；R_i 为第 i 种渔业资源损失率，%。

④当事故海域由于条件所限，无法获得渔业资源量的调查数据条件下，可采用生产统计资料。渔业资源损失量按式（4-6）计算：

$$Y_1 = \sum_{i=1}^{n} \overline{Y}_{ui} \cdot A_p \cdot R_i \cdot K_i \tag{4-6}$$

式中，Y_1 为渔业资源损失量，kg；$\overline{Y}_{ui}$ 为第 i 种渔业生物平均单产，为事故前 3 年平均值，kg/km^2；A_p 为污染面积，km^2、hm^2；R_i 为第 i 种渔业资源损失率，%；K_i 为第 i 种渔业生物的评估系数。

二、捕捞生产的损害评估

捕捞生产的损害评估按溢油影响方式分类进行。

1. 因油污染捕捞生产绕道的损害

$$Y = L \times M + (C \times T \times P - B) \tag{4-7}$$

式中，Y 为因油污染捕捞生产绕道产生的净经济损失，元；L 为绕道增加的距离，km；M 为单位距离的耗油量，kg；C 为单位时间捕捞产量，kg/h；T 为因绕道有效作业减少时间，h；P 为平均价格，元；B 为捕捞成本，元。

2. 因油污染捕捞产量下降的损害

$$Y = (C_j - C_i) \times T \times P \tag{4-8}$$

式中，Y 为因油污染捕捞产量下降的经济损失，元；C_j 为正常情况下，单位时间捕捞产量，kg；C_i 为污染情况下，单位时间捕捞产量，kg；T 为污染影响的持续时间，h；P 为平均价格，元。

3. 因油污染暂停捕捞的损害

$$Y = C \times T \times P - B \tag{4-9}$$

式中，Y 为因油污染暂停捕捞的产生的净经济损失，元；C 为单位时间捕捞产量，kg/h；T 为因油污染暂停捕捞作业的时间，h；P 为平均价格，元；B 为捕捞成本，元。

4. 捕捞渔具污染的损害

$$Y_i = P_i \times D_i \tag{4-10}$$

式中，Y_i 为第 i 种捕捞渔具油污染产生的净经济损失，元；P_i 为第 i 种捕捞渔具的价格，元；D_i 为第 i 种捕捞渔具的受损率，%。

5. 渔获物受到污染的损害

$$Y_i = C_i \times (P_i - P_j) \tag{4-11}$$

式中，Y_i 为第 i 种捕捞产量，kg；P_i 为第 i 种渔获物正常平均价格，元；P_j 为第 i 种受到污染后的价格，元。

需说明，捕捞生产的损害评估需提供船舶证书复印件、供航行日志复印件或其他相关证明材料。产量和价格为当地多年平均价格，需要当地渔业和物价部门的证明、各项费用的发票、照片等证明材料。

三、养殖生产损害评估

溢油污染对养殖生产损害评估分养殖产量和经济损害、养殖设施污染损害、清污费用和防护措施费用评估。

1. 养殖产量和经济损害评估

由于养殖方式不同，污染事故具有突发性，任意性和复杂性，因此溢油污染对养殖产量损害视实际情况可采用不同方法。

①在能够提供确切的投苗数量，现场调查能获得损失率数据的条件下，养殖产量损失量按式（4-12）计算：

$$Y_1 = \sum_{i=1}^{n} S_i \cdot D_{sti}(1 - R_{mti}) \cdot R_i \cdot A_p \tag{4-12}$$

式中，Y_1 为第 i 种养殖生物损失量，kg；S_i 为第 i 种养殖生物的商品规格，kg/只；D_{sti} 为第 i 种养殖生物放养密度，尾/km²、只/km²、个/km²；R_{mti} 为第 i 种养殖生物的自然死亡率，%；R_i 为第 i 种养殖生物损失率，%；A_p 为污染面积，km²。

②当现场调查能获取单位生物量和损失率的条件下，养殖产量损失量按式（4-13）计算：

$$Y_1 = \sum_{i=1}^{n} S_i \cdot B_{ti} \cdot (1 - R_{mti}) \cdot R_i \cdot A_p \tag{4-13}$$

式中，Y_1 为第 i 种养殖生物损失量，kg；S_i 为第 i 种养殖生物商品规格，kg/只；B_{ti} 为单位面积第 i 种养殖生物数量，个/km²；R_{mti} 为第 i 种养殖生物的自然死亡率，%；R_i 为第 i 种养殖生物损失率，%；A_p 为污染面积，km²、hm²。

③当由于环境条件所限，无法获得放苗数量等资料，现场调查无法进行单位面积生物数量的定量调查，但现场调查可获得污染前后评估生物生产情况资料的条件下，养殖产量损失量按式（4-14）计算：

$$Y_1 = \sum_{i=1}^{n} \Delta Y_{u_i} \cdot A_p \tag{4-14}$$

式中，Y_1 为渔业资源损失量，kg；ΔY_{ui} 为污染前后第 i 种养殖生物单产量的变化，kg/km²；A_p 为污染面积，km²。

④当由于环境条件所限，无法获得放苗数量等资料，现场调查无法进行单位面积生物数量的定量调查，现场调研、调查无法获得污染后评估生物生产情况资料的条件下，养殖产量损失量按式（4-15）计算：

$$Y_1 = \sum_{i=1}^{n} \overline{Y}_{ui} \cdot A_p \cdot R_i \cdot K_i \tag{4-15}$$

式中，Y_1 为渔业资源损失量，kg；$\overline{Y}_{ui}$ 为第 i 种渔业生物平均单产，为事故前 3 年平均值，kg/km^2；A_p 为污染面积，km^2、hm^2；R_i 为第 i 种渔业生物损失率，%；K_i 为第 i 种渔业生物的评估系数。

⑤在获得养殖产量损失量的基础上，经济损害评估按式（4-16）计算：

$$L_i = Y_i \times P_{di} - F_i \tag{4-16}$$

式中，L_i 为第 i 种养殖生物产量的经济损失金额，元、万元；Y_i 为第 i 种养殖生物损失量，kg；P_{di} 为第 i 种养殖水产品当地的平均价格，元/kg；F_i 为第 i 种养殖生物的后期投资，元、万元。

2. 养殖设施污染损害评估

养殖设施污染损害评估按式（4-17）计算：

$$Y_i = P_i \times D_i \tag{4-17}$$

式中，Y_i 为第 i 种养殖设施因油污染产生的净经济损失，元；P_i 为第 i 种养殖设施的价格，元；D_i 为第 i 种养殖设施的受损率，%。

3. 养殖设施清污费用

养殖设施清污费用按式（4-18）计算：

$$Y_i = P_i \times N_i + R_i \times M_i \tag{4-18}$$

式中，Y_i 为第 i 种养殖设施因油污染而进行清污产生的费用，元；P_i 为第 i 种养殖设施的所用材料的价格，单位为个（kg、m）/元；N_i 为第 i 种养殖设施清污所用材料的数量，单位为个、kg、m；R_i 为第 i 种养殖设施清污所用的人工量，个；M_i 为第 i 种养殖设施清污所用的人工单价，元/个。

4. 防护措施费用

防护措施费用按式（4-19）计算：

$$Y_i = P_i \times N_i + R_i \times M_i \tag{4-19}$$

式中，Y_i 为第 i 种养殖设施因油污染而采取防护措施产生的费用，元；P_i 为第 i 种养殖设施的所用防护材料的价格，单位为个（kg、m）/元；N_i 为第 i 种养殖设施的所用防护材料的数量，单位为个、kg、m；R_i 为第 i 种养殖设施的防护措施所用的人工量，个；M_i 为第 i 种养殖设施的防护措施所用的人工单价，元/个。

需说明的是，受溢油影响的养殖品种及其数量分别列出，平均产量和平均价格为当地多年平均价格，需要当地渔业部门和物价部门的证明材料，提供养殖许可证，如无法提供养殖许证，则需相关部门提供的养殖地点证明材料，提供各项费用的发票，如没有则逐项列出各环节的具体费用和计算公式。

四、水产品加工业损失评估

水产品加工业依靠对捕捞或养殖水产品加工而产生利润。由于溢油污染可能使水产品加工原料不足，导致半停产或全停产，或原料价格上涨，或改变原料来源地，成本上涨，从而造成水产品加工业损失。水产品加工业损失按不同溢油影响方式分类评估。

1. 因溢油污染原料不足导致（半）停产损失评估

损失评估按式（4-20）计算：

$$Y_i = (P_{i0} - P_j) \times E_{i0} - (P_{i0} - P_j) \times M_i \tag{4-20}$$

式中，Y_i 为第 i 种加工品种因溢油污染原料不足导致（半）停产造成的利润损失，元；P_{i0} 为第 i 种加工品种事故发生前 3 年平均加工产量，kg；P_j 为第 i 种加工品种事故发生后当年的加工产量，kg；E_{i0} 为第 i 种加工品种事故发生前 3 年平均的单位产量加工利润，元/kg；M_i 为第 i 种加工品种事故发生前 3 年平均的单位产量加工成本，元/kg。

2. 因溢油污染原料不足原料价格上涨，损失评估

损失评估按式（4-21）计算：

$$Y_i = (P_{i0} - P_{i1}) \times (N_{i0} - N_{i1}) \tag{4-21}$$

式中，Y_i 为第 i 种加工品种因溢油污染原料不足导致原料价格上涨造成的成本，元；P_{i0} 为第 i 种加工品种事故发生前 3 年平均加工产量，kg；P_{i1} 为第 i 种加工品种事故发生后当年的加工产量，kg；N_{i0} 为第 i 种加工品种事故发生前 3 年平均单位原料价格，元/kg；N_{i1} 为第 i 种加工品种事故发生后当年平均单位原料价格，元/kg。

3. 改变原料来源地、成本上涨损失评估

损失评估按式（4-22）计算：

$$Y_i = (P_{i0} - P_{i1}) \times (N_{i0} - N_{i1}) \tag{4-22}$$

式中，Y_i 为第 i 种加工品种因溢油污染改变原料来源地，导致成本上涨造成的损失，元；P_{i0} 为第 i 种加工品种事故发生前 3 年平均加工产量，kg；P_{i1} 为第 i 种加工品种事故发生后当年的加工产量，kg；N_{i0} 为第 i 种加工品种事故发生前 3 年平均单位原料价格，元/kg；N_{i1} 为第 i 种加工品种事故发生后当年平均单位原料价格，元/kg。

需说明的是，水产品加工业损失评估需提供企业登记证明复印件、原料入库证明和其他相关证明材料，产量和价格为当地多年平均价格，需要当地渔业和物价部门的证明。

第三节　海上溢油事故渔业损害评估管理系统软件

一、软件概述

为了能准确、快速地评估海上溢油事故对渔业损失，分析和比较不同溢油事故对海洋渔业资源的损害程度，保护我国渔业资源和渔业生产，维护渔民的经济利益，参考最新的

《基金索赔手册》对船舶污染事故造成的污染损害分类（清污作业费用和预防措施费用、财产损害、间接经济损失、纯经济损失、环境损害和研究费用，以及专家顾问费用），结合以上的研究成果，开发了海上溢油事故的渔业损害评估管理系统软件（见图 4-2）。该软件主要针对渔业损失和损失评估费用开发。

图 4-2　海上溢油事故的渔业损害评估管理系统软件界面

1. 溢油事故的渔业损失构成

溢油事故的渔业损失构成由 7 部分构成：

第一，渔业设施防护费用（包括养殖生产和捕捞生产设施）。为了保护事故海域的渔业设施免受污染，如在虾塘取水口设置防油毡，所产生的费用（属预防措施费用）。

第二，渔业设施清污费用（包括养殖生产和捕捞生产设施）。为了清除事故海域渔业设施上的污染物，如清除养殖滩涂上的油污，所产生的费用（属清污作业费用）。

第三，渔业设施更新费用（包括养殖生产和捕捞生产设施）。指由于沾染污染物，导致渔业设施无法使用，由此产生的费用（属财产损失）。

第四，天然渔业资源恢复费用。污染事故对海域渔业资源造成损失，由此为恢复渔业资源，已投入和将要投入的费用（环境损害）。

第五，养殖生产损失。由于污染事故导致养殖水产品死亡，由此引起的经济损失（经济损失）。

第六，捕捞生产损失。由于暂停捕捞作业所造成的渔民收入减少，或者由于海域封锁等其他原因，必须绕道方能正常进行的捕捞作业所增加的费用（经济损失）。

第七，水产品价值损失。包括捕捞水产品和养殖水产品价值的损失。水产品价值损失由两方面引起，一是由于污染事故，使水产品失去原有价值，必须降价方能出售，由此造成价值损失；二是由于污染事故，造成水产品中污染物含量超标，必须通过异地暂养或其他方法净化后，方能上市出售，由此产生的费用（经济损失）。

2. 溢油事故渔业损失评估费用构成

溢油事故渔业损失评估费用由 3 部分构成：

第一，损失评估费用。为评估事故对渔业生态危害产生的费用（专家费用）。

第二，跟踪监测费用。事故发生一段时间后对污染水域进行监测，以评估事故水域自我恢复情况（研究费用）。

第三，渔业生态修复评估费用。若事故进行渔业生态修复，用于评估天然渔业资源的修复情况（研究费用）。

依据《建设项目对海洋生物资源影响评价技术规程》（SC/T 9110—2007）和《渔业污染事故经济损失计算方法》（GB/T 21678—2008）中的计算方法，在 Access 2003 年基础上进行应用性开发，采用 VB APPLICATION 以及 VB—ADO 数据访问方法源实现对渔业污染事故数据库系统的管理和数据处理调用。

二、软件的基本结构

海上溢油事故的渔业损害评估管理系统软件的基本结构如图 4-3 所示，主要由污染物基本信息、污染事故基本情况和污染事故处理结果三大部分构成。

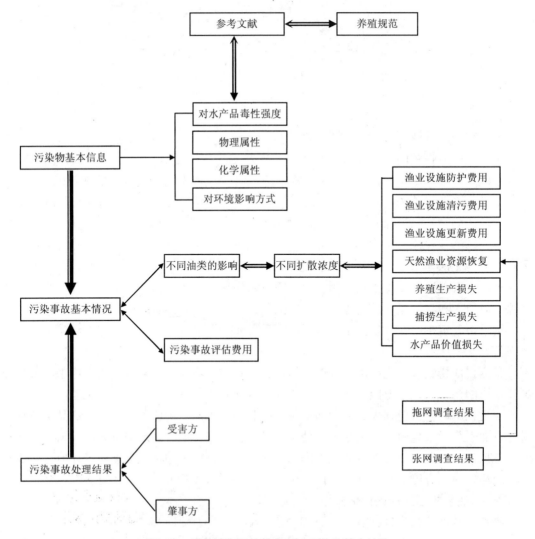

图 4-3 渔业损害评估管理系统软件的基本结构

三、资料输入

资料输入由 10 个输入模块组成：污染物基本信息（窗体）、污染事故数据（窗体）、污染物种类（表）、网具类型（表）、养殖密度规范（表）、养殖方式（表）、试验组分（表）、试验方法（表）、试验结果表达方式和污染事故处理结果（见图4-4）。

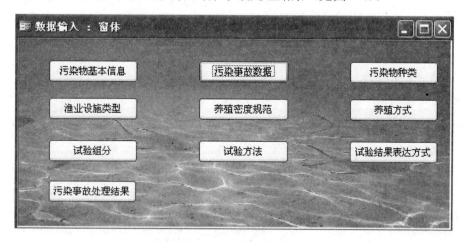

图 4-4　资料输入模块组成

1. 污染物基本信息窗体

污染物基本信息如图 4-5 所示，由 5 个部分组成（污染物基本信息、物理属性、化学属性、对环境的影响方式和对海洋生物毒性表）。

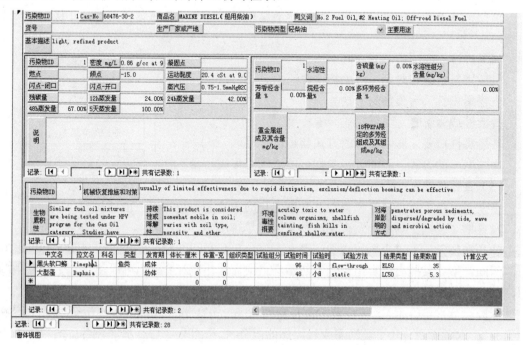

图 4-5　污染物基本信息窗体视图

（1）污染基本信息

CAS-No 污染物美国化学文摘登记号，用于检索有多个名称的化学品。

商品名 污染物当地俗名。

同义词 污染物的其他名称。

货号 污染物无法查到其 CAS-No，可以输入其生产厂家提供的货号。

生产厂家或产地 污染物的来源。

污染物类型 石油类污染物可以选择轻柴油、汽油和燃料油等类型。

用途 污染物主要作用。

基本描述 污染物的状态（液态、固态）或其他基本信息。

（2）物理属性

密度、凝固点、燃点、蒸汽压和蒸发量 石油类化合物的常规物理属性，其中蒸汽压和蒸发量与其对海洋生物的毒性强度密切相关。

闪点、倾点、运动黏度 石油类污染物的常见物理属性。

说明 用于补充说明上述字段未涵盖的污染物其他物理属性。

（3）化学属性

水溶性和水溶性组分含量（%） 影响污染物对海洋生物的毒性强度的重要属性。

含硫量 不同产地原油及其制品中的硫含量差异显著。

芳香烃含量（%）和烷烃含量（%） 对于针对多组分的石油类污染物，一般来说芳香烃含量越高，其对海洋生物的毒性越强。

多环芳烃组成及其含量 仅包括美国 EPA 限定的 18 种特定多环芳烃，这 18 种多环芳烃对海洋生物及人类具有显著毒性。

重金属含量及其组成 某些产地的原油及其制品含有某些重金属离子，可能危害海洋生物。

（4）对海洋环境的影响方式

机械恢复措施和对策 污染物物理清除方法。

生物累积性 污染物的生物累积性。

持续性或降解性 污染物的降解程度。

环境毒性概要 影响环境的方式和毒性强度。

影响海岸的方式 石油类污染物可能造成海岸带污染。

（5）毒性强度表

中文名、拉丁文、科名和类型 受试生物的中文名、拉丁文，所属科和门。

发育期 受试生物所处发育期，发育期越早越敏感。

体长和体重 受试生物的常规信息。

组织类型 某些石油类污染物虽然不会造成海洋生物死亡，但可以使海洋生物发生畸形，某些试验采用易发生畸形的组织或细胞作为试验对象。

试验组分（组合框） 试验采用化合物的哪一部分组分，包括水溶性组分（完全溶解的组分）、水融性组分（呈乳浊态或悬浮态的组分）、全组分（与海水混合后呈均匀态的组分）和多环芳烃（选择多种 EPA 规定的 18 种多环芳烃单质，模拟某种原油或其制品中多环芳烃的组成与海水混合后作为试验用水）。

试验时间 实验持续的时间。

试验时间单位 实验持续时间的单位（小时或天）。

试验方法 静态或者流水。

结果类型 毒理实验结果的表达方式。

结果数值 根据毒理实验结果的表达方式，得到数值。

计算公式 根据不同浓度组得到试验结果，进行拟合得到的浓度—死亡率（或者概率单位）的计算公式，分别为双曲线（$y = a - \dfrac{b}{x}$）、S 曲线（$y = \dfrac{1}{(a - e^{bx})}$）、二次曲线（$y = ax^2 + bx + c$）、幂函数（$y = ax^b$）、指数函数（$y = ae^{bx}$）、负指数函数（$y = ae^{b/x}$）、直线（$y = ax + b$）和对数函数（$y = a \lg x + b$），其中，$Y$ 为死亡率或概率单位（仅适用于直线和对数函数），X 为污染物浓度、a、b 和 c 均为常数。

结果说明 结果数据的使用范围等情况说明。

数据来源 该字段的值与参考文献窗体中文献 ID 值一致，双击该字段，打开参考文献窗体；如果数据来源字段非空，则显示与数据来源中数值一致的文献 ID 参考文献，若字段为空，则显示新、参考文献记录，可以输入相关参考文献明细，输入完毕后可关闭参考文献窗体（见图 4-6）。

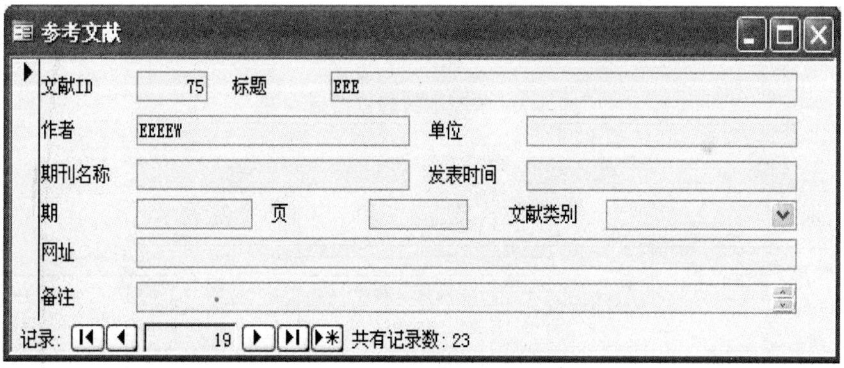

图 4-6 参考文献窗体视图

文献类别（组合框） 根据数据来源的类型可以选择期刊、著作、标准、集刊、政府文件、企业文件和试验结果。

说明 用于进一步说明与污染物对海洋生物毒性强度有关的内容。

2. 污染事故数据

污染事故数据窗体用于输入和计算涉渔污染事故的补偿和评估费用，窗体由污染事故基本信息、评估费用表、不同污染物质—渔业污染事故损失费用计算表、不同浓度—渔业污染事故损失金额计算表和毒性强度表 5 个部分组成（见图 4-7），图 4-8 显示各表之间的关系。

（1）污染事故基本信息

污染事故名称、发生日期和污染事故情况说明　输入污染事故的发生地点、时间及其周围海域的相关信息。

评估费用总计和补偿费用总计　分别显示该事故的评估费用和补偿费用。

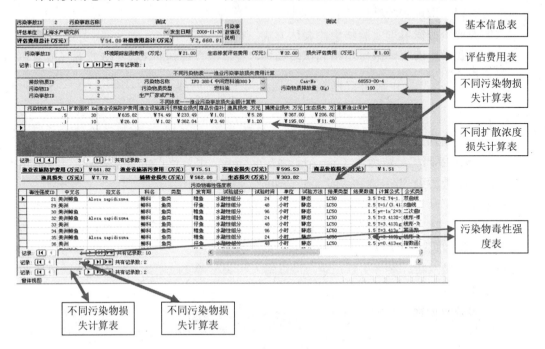

图 4-7　污染事故数据窗体视图

图 4-8　不同费用计算表之间的关系

（2）不同污染物质—渔业污染事故损失费用计算表

污染事故中的污染物可能不止一种，如运输危险化学品的船舶发生碰撞沉没，同时导致化学品和燃料油泄漏，需要分别计算两者的扩散范围及其对渔业资源和渔业生产造成的损失。

污染物名称（组合框）　输入造成本次涉渔事故的污染物名称，如果该污染已在组合框中，可直接选择，同时窗体中 CAS-No、污染物质类型、生产厂家和产地 3 个字段自动填写；如果组合框中不存在该污染物，关闭整个窗体，重新打开污染物基本信息窗体，输入该污染物的基本信息后，再打开污染污染事故信息窗体。

渔业设施防护费用（包括养殖生产和捕捞生产设施）　为了保护事故海域的渔业设施

免受污染，如在虾塘取水口设置防油毡，所产生的费用。

渔业设施清污费用（包括养殖生产和捕捞生产设施） 为了清除事故海域渔业设施上的污染物，如清除养殖滩涂上的油污，所产生的费用。

渔业设施更新费用（包括养殖生产和捕捞生产设施） 指由于沾染污染物，导致渔业设施无法使用，由此产生的费用。

天然渔业资源恢复费用 污染事故对海域渔业资源造成损失，由此为恢复渔业资源，已投入和将要投入的费用。

养殖生产损失 由于污染事故导致养殖水产品死亡，由此引起的经济损失。

捕捞生产损失 由于暂停捕捞作业所造成的渔民收入减少，或者由于海域封锁等其他原因，必须绕道方能正常进行的捕捞作业所增加的费用。

水产品价值损失 包括捕捞水产品和养殖水产品价值的损失。水产品价值损失由两方面引起：一是由于污染事故，使水产品失去原有价值，必须降价方能出售，由此造成价值损失；二是由于污染事故，造成水产品中污染物含量超标，必须通过异地暂养或其他方法净化后，方能上市出售，由此产生的费用。

（3）不同浓度—渔业污染事故损失金额计算表

计算同一种污染物的不同扩散浓度对海洋生物造成的损害。

污染物浓度 污染物扩散浓度。

污染物扩散面积 同一污染物的扩散面积。

渔业设施防护费用 计算不同保护目标的渔业防护费用，双击打开"计算表—防护"（见图 4-9）。

◇保护对象：可能存在多个保护目标，每个保护目标分别计算。

◇防护区域范围：某一保护目标的地理位置、范围和面积等。

◇防护方法：为保护渔业资源或渔业设施，而采取的保护方法。

◇防护工具名称、数量、单价及小计：为防止污染事故对渔业资源或渔业设施产生损害，购置工具或材料产生的费用。

◇防护试剂名称、数量、单价及小计：为防止污染事故对渔业资源或渔业设施产生损害，使用化学试剂产生的费用。

◇防护人员数量、时间、单价及小计：参与防护工作人员的工资等费用。

◇防护使用船舶数量、时间、单价及小计：为防止污染事故对渔业资源或渔业设施产生损害，使用船舶产生的费用。

◇防护使用车辆数量、时间、单价及小计：为防止污染事故对渔业资源或渔业设施产生损害，使用车辆产生的费用。

◇以面积为计算区域的防护费用、单价及小计：为防止污染滩涂和池塘等以面积计算的渔业设施，而产生的费用。

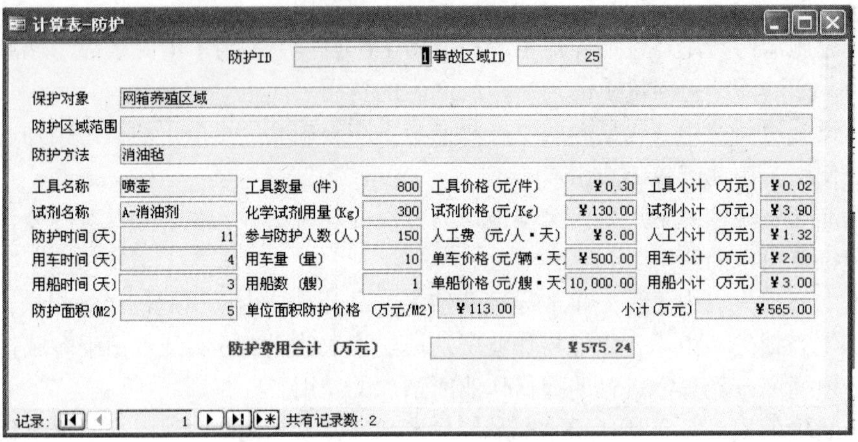

图 4-9　渔业设施防护费用计算窗体视图

渔业设施清污费用　计算渔业设施清污费用，双击打开"计算表—清污"（见图 4-10）。

◇渔业设施名称：可能有多个需要清洗的渔业设施，分别计算每个渔业设施的清污费用。

◇防护区域范围：渔业设施的地理位置、范围和面积等。

◇清污方法：为清除渔业设施中污染物，而采取的清污方法。

◇清污工具名称、数量、单价及小计：为清除渔业设施中污染物，购置工具或材料产生的费用。

◇清污试剂名称、数量、单价及小计：为清除污染所用化学试剂的费用。

◇清污人员数量、时间、单价及小计：参与清污工作的人员工资等。

◇清污使用船舶数量、时间、单价及小计：为清除污染所用船舶的费用。

◇清污使用车辆数量、时间、单价及小计：为清除污染所用车辆的费用。

◇以面积为计算的区域清污面积、单价及小计：为清除滩涂和池塘等以面积为计算单位的渔业设施中污染物，而产生费用。

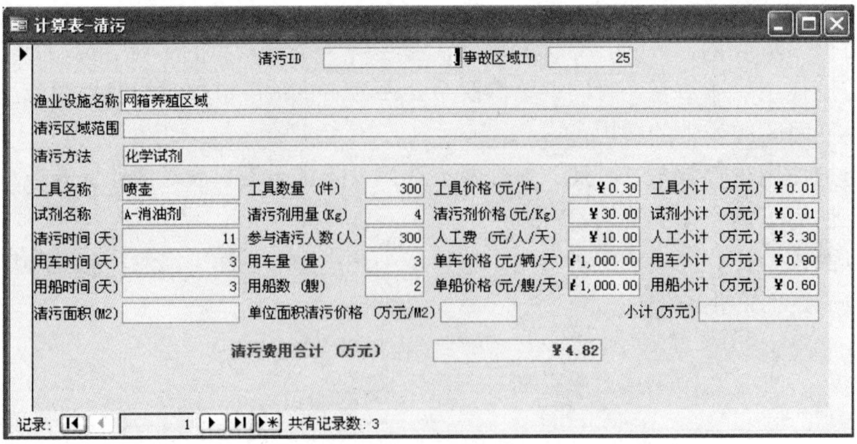

图 4-10　渔业设施清污费用计算窗体视图

渔业设施更新费用　计算不同类型的渔业设施更新费用，双击打开"计算表—更新"（见图4-11）。

◇更换网具类型（组合框）：选择被污染的渔业设施类型，同时显示该种渔业设施的参考价格；如果所选择的渔业设施已存在，渔业设施购置费用自动填写，如果不存在，可以先关闭该窗体，从数据输入切换面板上打开渔业设施类型。

◇渔业设施购置费用：如果价格与当地同种渔业设施的价格不一致时，也可自行输入网具价格。

◇预计渔业设施残值：根据先行财务规定，一般固定资产的净残值在购置费用的3%~5%。

◇使用寿命：渔业设施合理的使用年限。

◇实际使用时间：事故发生时渔业设施已使用的时间。

◇折旧率：自行输入折旧率，按照直线折旧法计算到事故发生时渔业设施的实际残值。

◇实际残值：如果预计渔业设施残值和使用寿命等字段不为空，则按照式（4-23）计算实际残值，也可根据双方协商确定的残值自行输入。

$$实际残值 = \sum_{i=1}^{实际使用时间} \frac{(购置价格 - 预计渔业设施残值) \times (使用寿命 - 折旧时间) \times 2}{使用寿命 \times (使用寿命 + 1)} \qquad (4\text{-}23)$$

◇渔具更换费用：按式（4-24）计算。

$$渔具更换费用 = 实际残值 \times 更换数量 \qquad (4\text{-}24)$$

图4-11　渔业设施更新费用计算窗体视图

天然渔业资源恢复费用　计算天然渔业恢复费用，双击打开"计算表—渔业资源"（见图4-12）。

◇中文名、拉丁文、科名和类别（组合框）：输入养殖种类的基本信息。

◇发育期（组合框）：污染事故发生时养殖品种所处生长期。

◇渔业资源调查方式：包括4种渔业资源密度资料的来源方式：拖网调查、张网调查、采捕调查和历史资料；其中拖网调查和张网调查仅适用于"污染后平均资源密度"和"对照区资源密度"这两个字段（见图4-13），对照区指未受污染影响的邻近水域。

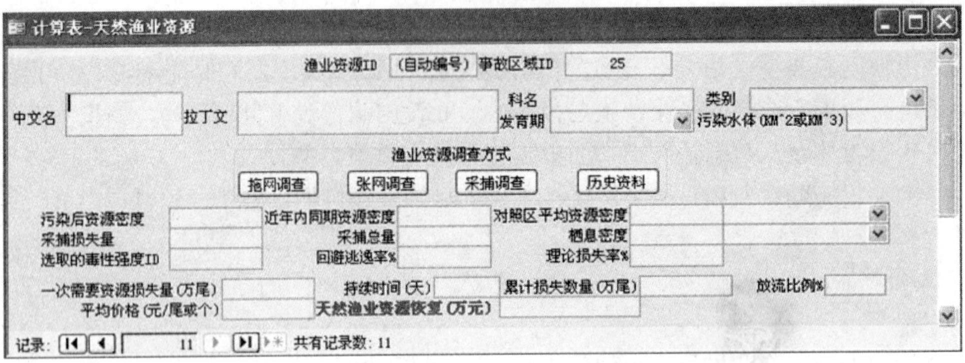

图 4-12　天然渔业资源恢复费用计算窗体视图

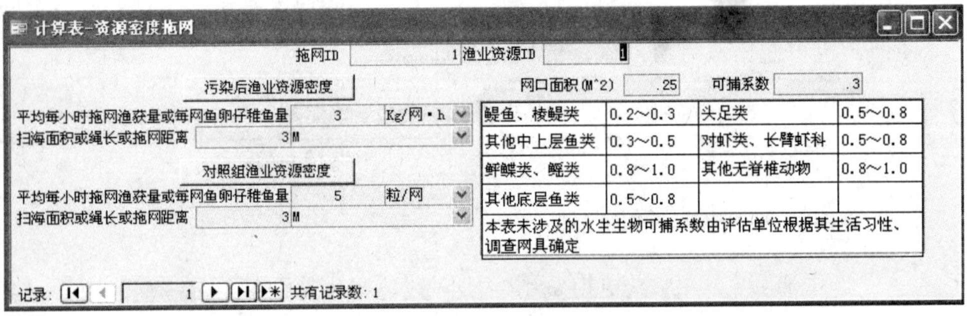

图 4-13　天然渔业资源密度拖网计算窗体视图

——按下拖网调查时，弹出拖网调查窗体：根据式（4-25）分别计算"污染后平均资源密度"和"对照区资源密度"；垂直拖网鱼卵仔稚鱼的密度分布按照式（4-26）计算，水平拖网鱼卵仔稚鱼的密度分布的计算按式（4-27）计算；"计算表—资源密度拖网"关闭时自动填充"污染后平均资源密度"和"对照区资源密度"字段。

$$渔业资源密度 = \frac{平均每小时拖网渔获量}{网具捕获率 \times 每小时网具取样面积} \tag{4-25}$$

$$鱼卵仔稚鱼分布密度 = \frac{每网卵仔稚鱼数量}{网口面积 \times 绳长} \tag{4-26}$$

$$鱼卵仔稚鱼分布密度 = \frac{每网卵仔稚鱼数量}{网口面积 \times 拖网距离} \tag{4-27}$$

——按下张网调查时，弹出张网调查窗体：根据式（4-28）分别计算"污染后平均资源密度"和"对照区资源密度"（见图 4-14），"计算表—资源密度张网"关闭时自动填充"污染后平均资源密度"和"对照区资源密度"字段。

$$渔业资源密度 = \frac{单位网次平均渔获量}{涨、落潮平均流速 \times 有效作业时间 \times 迎流网口面积 \times 可捕系数} \tag{4-28}$$

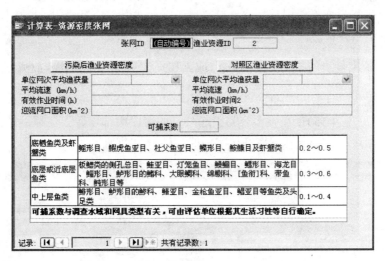

图 4-14　天然渔业资源密度张网计算窗体视图

◇污染后资源密度和近年（2～3 年）同期渔业资源密度：根据式（4-29）进行计算损失率。

$$损失率 = (\frac{近年渔业资源平均密度 - 污染后渔业资源密度}{近年渔业资源平均密度} - 回避逃逸率) \times 100\% \tag{4-29}$$

污染后资源密度和对照区渔业资源密度：根据式（4-30）进行计算一次性渔业资源损失量；

$$一次性渔业资源损失量 = (对照区渔业资源密度 - 污染后渔业资源密度) \times 污染面积 \tag{4-30}$$

◇采捕损失量和采捕总量（适用于底栖生物和潮间带生物调查）：根据式（4-31）计算一次性渔业资源损失量。

$$一次性渔业资源损失量 = \frac{采捕损失量}{采捕总量} \times 栖息密度 \times 污染面积 \tag{4-31}$$

◇选取的毒性强度：根据污染物毒性强度表所列的信息，自行选取毒性强度 ID 值，根据所拟合的公式、公式类型和污染物的扩散浓度计算该浓度下，渔业资源的损失率。

◇回避逃逸率：指渔业生物对污染物的回避能力，由评估单位根据生物种类和当时当地具体情况确定，鱼卵仔稚鱼不具有回避逃逸能力，幼体稍具回避逃逸能力。

◇累积损失量：当污染持续超过 15 天，以 15 天为一污染周期，按式（4-32）计算累积损失量。

$$累积损失量 = int(持续时间/15) \times 一次性损失量 \tag{4-32}$$

◇放流比例（%）：根据天然资源达到最小成体规格的自然成活率进行换算，如鱼卵的成活率为 1%，而仔稚鱼的成活率为 5%。

◇天然渔业资源恢复费用：按式（4-33）计算天然资源恢复费用，其中一次性损失量和累积损失量不重复计算。

天然渔业资源恢复费用＝一次性损失量(或累积损失量)×平均价格×放流比例 　（4-33）

养殖生产损失　计算污染事故造成的不同养殖类型水产品死亡的损失，双击打开"计算表—养殖"（见图 4-15）；在大多容易引起歧义的字段中都设置了注释，当使用 TAB 键进入该字段时，注释自动显示，离开该字段时，注释自动消失。

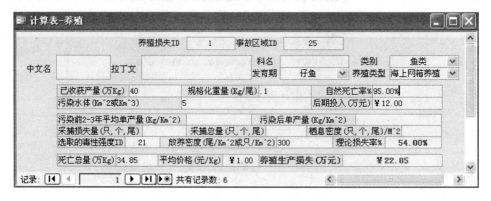

图 4-15　养殖生产损失计算窗体视图

◇中文名、拉丁文、科名和类别（组合框）：输入养殖种类的基本信息。

◇发育期（组合框）：污染事故发生时养殖品种所处生长期。

◇养殖类型（组合框）：养殖方式，如网箱养殖。

◇已收获产量：在污染发生前已经收获的产量。

◇自然死亡率：自然死亡率指污染事故发生在水产品达到商品规格前，计算时需要将水产品折算为最小商品规格的折算率。

◇规格化重量：养殖水产品未达到商品规格的，在计算损失量时换算为商品商品，换算比例由评估单位根据生物种类和当地当时的具体情况确定，一般按平均商品规格计算；达到商品规格的实际平均重量计算。

◇后期投入：养殖生物未达到商品规格时，在计算经济损失时应扣除后期投入；后期投入为污染事故发生时至生长到商品规格后需投入，但尚未投入的资金，包括饵料费用、人员工资费、管理费、起捕费、用船看护费等，按当地当时的平均费用计算，由评估单位调研取得并由当地渔业主管部门确定。

◇污染前 2～3 年平均单产量和污染后单产量：按式（4-34）计算水产品死亡量。

水产品死亡量＝(污染前2～3年平均单产量－污染后单产量)×污染面积－已收获产量

（4-34）

◇采捕损失量和采捕总量（适用于底播养殖区等无法拖网采样，但可进行定点采捕区域渔业生物资源损失量的评估）：根据式（4-35）计算水产品死亡量。

$$水产品死亡量 = \frac{采捕损失量}{采捕总量} \times 栖息密度 \times 污染面积 \times 规格化重量 \qquad (4-35)$$

◇选取的毒性强度 ID：根据污染物毒性强度表所列的信息，自行选取毒性强度 ID 值，根据所拟合的公式、公式类型和污染物的扩散浓度计算该浓度下，养殖品种的损失率。

◇理论损失率：依据由毒性强度公式计算得到的损失率，或者自行输入的损失率，按照式（4-36）和式（4-37）计算水产品死亡量。

$$渔业生物损失量 = 损失率 \times 养殖面积 \times 实际放养密度（或污染发生前2\sim3年平均产量） \\ \times 规格化重量 \times (1-自然死亡率)$$

$$(4-36)$$

$$渔业生物损失量 = 损失率 \times [养殖面积 \times 实际放养密度（或污染发生前2\sim3年平均产量） \\ \times 规格化重量 - 已收获产量]$$

$$(4-37)$$

◇放养密度：由受损单位或个人出具购苗证明或采用当地的平均，评估单位根据生物、养殖模式和养殖技术确定。

◇养殖生产损失费用：按式（4-38）计算。

$$养殖死亡补偿费用 = 死亡总量 \times 平均价格 - 后期投入 \qquad (4-38)$$

捕捞生产损失　计算污染事故对捕捞作业造成的损失，双击打开"计算表—生产影响"（见图 4-16）。

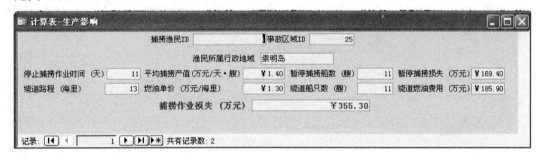

图 4-16　捕捞生产损失计算窗体视图

◇暂停捕捞损失：根据式（4-39）计算暂停捕捞作业渔民的损失。

$$暂停捕捞损失 = 停止捕捞作业时间 \times 平均捕捞产值 \times 暂停作业船只数 \qquad (4-39)$$

◇绕道燃油费用：根据式（4-40）计算增加的绕道燃油费用。

$$绕道燃油损失 = 绕道路程 \times 燃油单价 \times 绕道作业船只数 \qquad (4-40)$$

商品价值损失　计算污染事故造成的水产品价值损失，双击打开"计算表—商品价值"

（见图 4-17）。

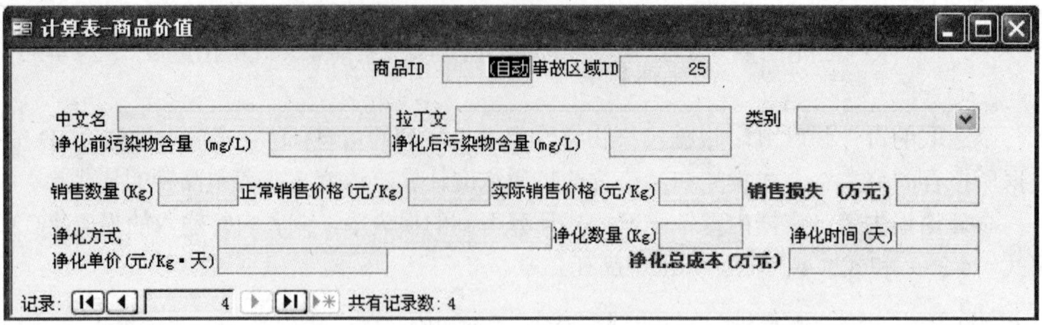

图 4-17　商品价值损失计算窗体视图

◇中文名、拉丁文和类别（组合框）：输入养殖种类的基本信息。

◇净化前污染物含量和净化后污染物含量：污染事故发生后养殖生物中污染物的含量，如果采取净化方式降低水产品中污染物含量的，净化后水产品中污染物的含量，以评估水产品是否达到出售标准。

◇销售数量：受污染的水产品销售数量。

◇正常销售价格：邻近地区未受污染的同一水产品种的实际销售价格。

◇实际销售价格：受污染水产品的实际销售价格。

◇销售损失：按式（4-41）计算销售损失。

$$销售损失 = （正常销售价格 - 实际销售价格）× 销售数量 \qquad (4-41)$$

◇净化方式：如果采取净化降低水产品中污染物含量的，所采取的方式。

◇净化数量、净化时间和净化单价：按式（4-42）计算净化总成本。

$$净化总成本 = 净化数量 × 净化时间 × 净化单价 \qquad (4-42)$$

重要渔业保护目标　在这一浓度的扩散区域中重要的渔业设施、渔业资源和渔业保护目标等。

（4）毒性强度表

与污染物基本信息中毒性强度表一致，在污染事故信息窗体中该表仅提供污染物毒性强度，以供评估者参考选择损失率。

（5）污染事故评估费用表

评估单位（组合框）　从中选择评估污染事故对渔业资源和渔业生产损害的单位，若输入的单位不组合框中，双击该框，打开评估单位窗体（见图 4-18），输入该单位的详细情况后；关闭该窗体；单位资质指渔业污染事故调查鉴定资格（分为甲级、乙级和丙级三种）。

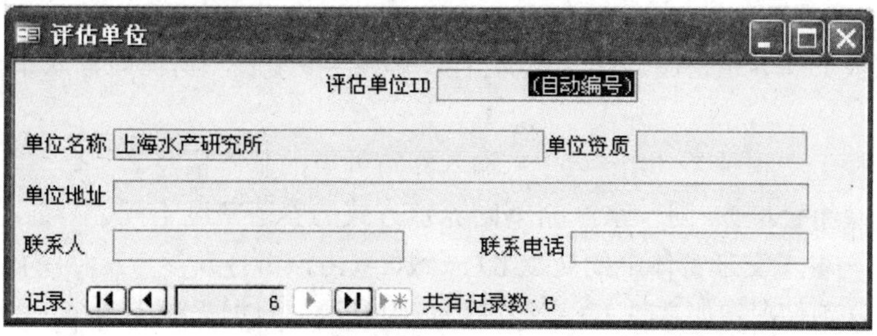

图 4-18 污染事故评估单位信息窗体视图

环境跟踪监测费用 用于跟踪监测污染事故发生后，事故海域的渔业资源变动和恢复情况。

生态修复评估费用 如果事故处理包括生态修复或生态补偿措施，该费用用于评估生态修复措施或生态补偿措施的效果。

污染事故评估费用 用于评估事故对渔业资源和渔业生产造成的损害。

3. 污染物种类

单击切面板上的污染物种类，打开"类型—污染物"表，添加污染种类及相关说明（见表 4-8）。

表 4-8 污染物类型

序号	类 型	说 明
1	燃料油	主要指蒸余油或含蒸余油的成分，常见有：MF-180，IF-180，bunker C，No. 5/6-fuel oil，IF-380
2	轻柴油	常见有 10 号、0 号、-10 号、-20 号、-35 号和-50 号，No. 2-fuel oil
3	重柴油	常见有 10 号、20 号、30 号，NO. 4-fuel oil
4	汽 油	
5	原 油	
6	煤 油	No. 1-fuel oil

4. 网具类型

单击切面板上的网具类型，打开"类型—网具"表，添加网具种类及其购置价格（见表 4-9）。

表 4-9 网具类型

ID	网具种类	网具价格/元
1	海水型大网	10 000
2	海水型中网	2 000
3	海水型小网	400
4	浅水型大网	200
5	浅水型中网	300
6	浅水型小网	400

5．养殖密度规范

单击切面板上的养殖密度规范，打开"养殖密度参考表"窗体，输入某一水产品养殖规范及要求。

中文名、拉丁文和种类（组合框） 输入养殖种类的基本信息。

养殖方式（组合框） 同一水产品不同养殖方式的养殖密度不同。

文献 ID 与参考文献窗体中的文献 ID 一致，双击该格打开参考文献窗体（见图 4-19），输入该规范的详细情况；如文献 ID 字段非空，则显示与数据来源中数值一致的文献 ID 参考文献，若字段为空，则显示新、参考文献记录，可以输入相关参考文献明细，输入完毕后可关闭参考文献窗体。

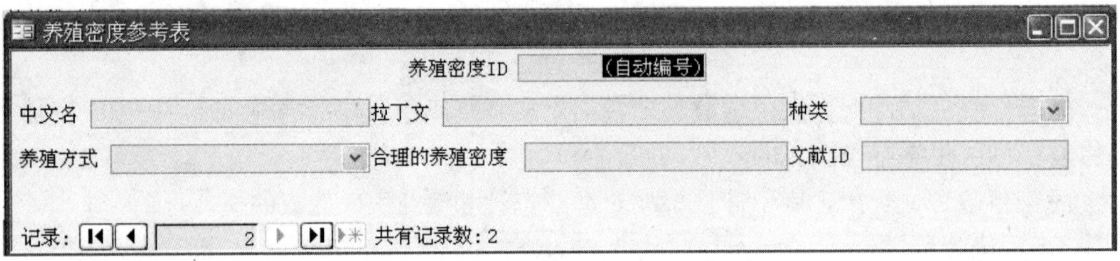

图 4-19　养殖密度信息窗体视图

6．养殖方式

单击切面板上的养殖方式，打开"类型—养殖"表，添加养殖方式（见表 4-10）。

表 4-10　养殖类型

养殖方式 ID	养殖方式
1	海上网箱养殖
2	浅海筏式养殖
3	滩涂养殖
4	海塘养殖

7．试验组分

单击切面板上的试验组分，打开"试验组分"表（见表 4-11），添加组分名称、组分名称缩写和英文名称。

表 4-11　试验组分

序号	组分名称	组分缩写	英文名称
1	水融性组分	WAF	water accommodated fraction
2	水溶性组分	WSF	water soluble fraction
3	全组分	TPH	Total petroleum hydrocarbon
4	多环芳烃	PAH	polynuclear aromatic hydrocarbon

8．试验方法

单击切面板上的试验方法，打开"试验方法"表，添加新的实验方法（见表 4-12）。

表 4-12 试验方法

方法 ID	实验方法
1	静 态
2	动 态
3	流 水
4	半流水

9. 试验结果表达方式

单击切面板上的试验结果表达方式，打开"类型—试验结果表达"表，添加新的试验结果表达方式（见表 4-13）。

表 4-13 试验结果表达

序号	结果类型	缩写	英文
1	半致死浓度	LC_{50}	Concentration at which 50% of the test organisms have succumbed after a prescribed period of exposure
2	最低影响浓度	LOEC	Lowest observed effect concentation
3	半影响浓度	EC_{50}	Median effective concentration: concetration at which 50% of the test organisms are affected after a prescribe periodof exposure
4	无影响浓度	NOEC	No observed effects concentration
5	存活率	%	Survival in 100% concentration
6	半数效应载荷	EL_{50}	

10. 污染事故处理结果

单击切面板上的污染事故处理结果，打开"污染事故处理结果"窗体，添加新的污染事故处理结果（见图 4-20）。

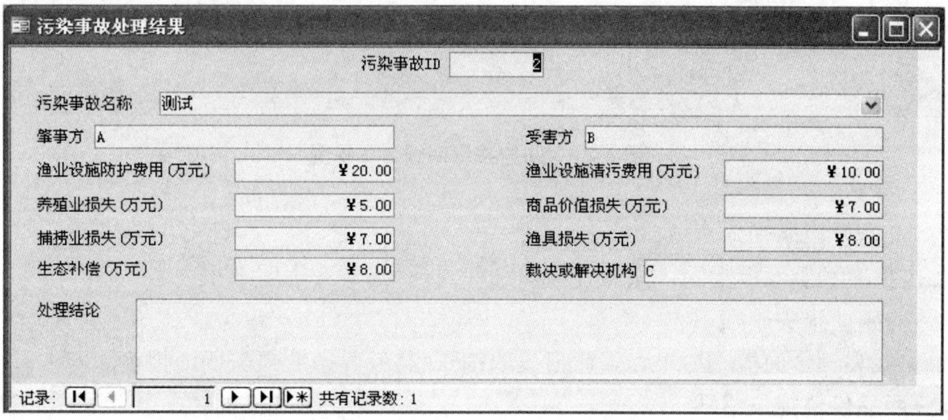

图 4-20 污染事故处理结果窗体视图

污染事故名称（组合框） 从中选择已有评估资料的污染事故。

肇事方和受害方 双击打开肇事方和受害方明细窗体（见图 4-21）。

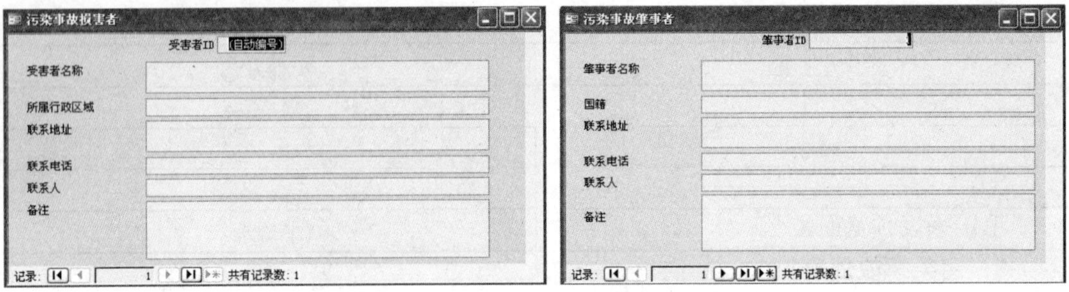

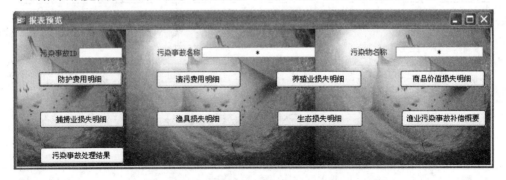

图 4-21　污染事故损害者和肇事者信息窗体视图

渔业设施防护费用、清污费用、养殖业损失、商品价值损失、捕捞业损失、渔具损失、生态损失补偿　分别为各项经过协商或裁决后的最终补偿金额。

处理结论　协商解决或裁决的判决或意见。

四、软件功能

从主切换面板上按下报表预览，出现报表预览窗体。报表打开条件共 3 个：污染事故ID、污染事故名称和污染物名称，其中污染事故名称和污染物名称支持模糊查询，默认值为"*"，并且 3 个查询条件可以混合使用。

1．防护费用明细

单击报表预览面板上的"防护费用明细"，打开防护费用明细报表（见图 4-22）。

图 4-22　防护费用明细窗体视图

2．清污费用明细

单击报表预览面板上的"清污费用明细"，打开清污费用明细报表。

3．养殖业损失明细

单击报表预览面板上的"养殖业损失明细"，打开养殖业损失明细报表。

4．商品价值损失明细

单击报表预览面板上的"商品价值损失明细"，打开商品价值损失明细报表。

5．捕捞业损失明细

单击报表预览面板上的"捕捞业损失明细"，打开捕捞业损失明细报表。

6．渔具损失明细

单击报表预览面板上的"渔具损失明细"，打开渔具损失明细报表。

7．生态损失明细

单击报表预览面板上的"生态损失明细"，打开生态损失明细报表。

8．渔业污染事故补偿概要

单击报表预览面板上的"渔业污染事故补偿概要"，打开渔业污染事故补偿概要。

9．污染事故处理结果

单击报表预览面板上的"污染事故处理结果"，打开污染事故处理结果。

图 4-23、图 4-24 和图 4-25 分别给出污染事故处理结果明细和总评估费用报表示例。

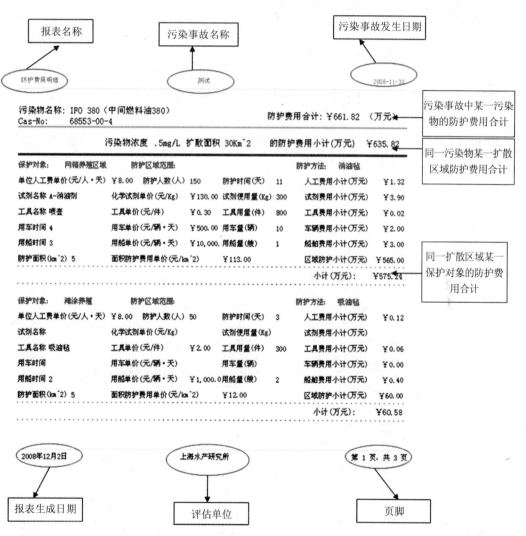

图 4-23　污染事故处理结果明细示例

本次污染事故总评估费　　本次污染事故渔业补偿费用

渔业污染事故补偿概要　　测试　　2008-11-30

评估费用总计(万元)　**¥54.00**　**损失补偿费用总计(万元)**　**¥2,660.91**

污染事故情况说明　测试

损失评估费用(万元)　¥1.00　环境跟踪监测费用(万元)　¥21.00　评估费用明细

生态修复评估费用(万元)　¥32.00

污染物名称　Creosote Oil（杂酚油）

防护费用(万元)	¥30.00	清污费用(万元)	¥300.00
养殖业损失(万元)	¥3.00	商品价值损失(万元)	¥39.00
捕捞业损失(万元)	¥39.00	渔具损失(万元)	¥39.00
生态损失(万元)	¥3.00		

某一污染物的损失明细

污染物名称　IFO 380（中间燃料油380）

防护费用(万元)	¥661.82	清污费用(万元)	¥75.51
养殖业损失(万元)	¥595.53	商品价值损失(万元)	¥1.51
捕捞业损失(万元)	¥562.00	渔具损失(万元)	¥7.72
生态损失(万元)	¥303.82		

图 4-24　污染事故总评估费用报表示例

污染事故处理结果　　测试　　2008-11-30

肇事者　A　　国籍

受害者　B　　行政区域

渔业设施防护费用(万元)	¥20.00	渔业设施清污费用(万元)	¥10.00
养殖业损失(万元)	¥5.00	商品价值损失(万元)	¥7.00
捕捞业损失(万元)	¥7.00	渔具损失(万元)	¥8.00
生态补偿(万元)	¥8.00		

处理结论

DFAFDSFADFS

2008年12月3日　　C　　第 1 页，共 1 页

图 4-25　总评估费用报表示例

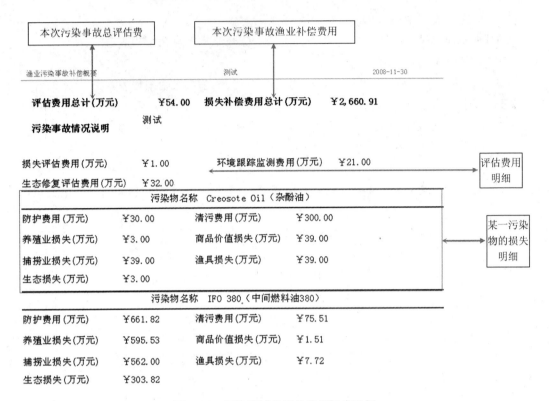

第五章　溢油对旅游业产生的经济损失评估方法

第一节　溢油事故对旅游业损害评估

一、概述

滨海地区及其周边地区的旅游资源不但具有独特的吸引力，而且还有较高的开发利用价值和商业价值。旅游业是促进滨海地区经济社会协调可持续发展的朝阳产业。一旦受到溢油污染，不但海滨旅游胜地受到损害，而且前往滨海地区的其他相关旅游胜地的旅客人数也会大为减少，势必影响该地的旅游收入，同时还会损害其旅游形象和城市形象。

滨海旅游区一旦遭受溢油污染，会造成海水质量下降。海面上的飘浮的油污随着风浪和潮汐的推动被冲到海岸或海滩上，堆积在潮间带，特别是在高潮线附近的岩石坑或洼地里，污油有的黏在海边岩石表面，还有的黏在鹅卵石和砂砾上。如果沙的黏性小，溢油还能渗入海滩表层砂子里，形成厚厚的油沙混合层，令人望而却步。溢油还可能使接触污染海水的游客感染皮肤病、眼疾、呼吸道疾病等。这些都降低了海滨的使用价值，恶化海岸的自然环境，使海域的旅游业价值下降。由于溢油的污染导致游客减少，游客的减少使滨海旅游风景区的收益减少，造成旅游经济的萧条。

威廉王子湾绵延曲折的海岸线上，瀑布和峡湾勾勒出海岸轮廓，天际边重峦叠嶂的钟克山脉（Chugach）顶着皑皑的白雪。它树木葱郁的风景，冰河的集聚，精彩的冰雪活动，使游客们流连忘返。然而 1989 年 3 月 24 日航行在阿拉斯加州威廉王子海峡布莱暗礁的"埃克森·瓦尔迪兹"号触礁，8 个油舱破损，泄漏了 3 万多 t 原油，污染了大约 8 600 km海岸线，污染损害赔偿和清污费用高达 80 亿美元。瓦尔迪兹油轮泄漏的原油随即就流到了海湾，还渗入到了沙滩下。残留石油造成的危害是无法想象的，油水混合物浸入到了 25 cm深的地底下。灾难事件发生之后，石油快速散布开来。虽然事后进行了集中清除残油行动，直至 1994 年末专家预测石油在几年后应该会自动消失。相反的是，石油已慢慢地散布开来，造成了严重的影响。这片水域已被残油和吞食石油的细菌污染，严重影响了当地旅游业的恢复。

1983 年 11 月 25 日，船长 207 m 的巴拿马籍"东方大使"油轮在青岛港黄岛油区装载43 943 t 原油出港途中，行驶到中沙礁搁浅，导致货舱受损，漏出原油 3 343.6 t，造成胶州湾附近海岸线严重油污染。受污染海岸线长达 230 km。其中，重污染段 4.7 km，重污染面积 14.7 万 m²，风景旅游区沿岸滩涂、礁石受污染 90 万 m²。第一、二、三、六海水浴场6.6 万 m² 沙滩都不同程度受到污染。此次污染极大地损害了海滨环境质量，对沿海旅游疗养事业造成重大损失。溢油事故发生后，青岛市人民政府动员各方力量，组织清污。溢油在港内油层最厚处达 0.5 m 以上，溢油清除主要靠人工作业，采用高压清洗、人工刮除沾在礁石上的油污，对重污染区、风景旅游区的污染彻底清理，最后还对海水浴场进行换沙，对轻污染沿岸、海域残存油块和已清理区采取清洁措施。历时 9 个多月才大致把沿岸油污清除，但其长期影响仍难以消除。

1984 年 9 月 28 日，巴西籍"加翠号"油轮载运原油 12 万余 t，出港途中在青岛港中沙礁触礁搁浅，漏出原油 757.682 t，造成胶州湾及附近海岸线严重污染，使污染越来越严重的胶州湾雪上加霜。受污染海岸线长达 103.3 km。其中，团岛至沙子口地段 35 km；团岛至沧口浴场地段 20 km；红岛后阳村至宿流地段 24 km；黄岛大石头地段 5.3 km；薛家岛后岔湾 4 km；沙子口至太清宫波及岸线 15 km。重污染区为栈桥至第二海水浴场 6 km；西姜至南姜 4.5 km；后岔湾 1 km。翌日，为防油污扩散，市环保局即组织 400 人的专业队伍，对栈桥至燕儿岛，麦岛至石老人 30 km 岸线采取封闭措施，昼夜现场监护，严禁旅游人员进入污染区。并组织有关工厂、企业和乡镇 80 多个单位 2 800 余人，抢先对第一、二、四、五、六及团岛海水浴场、栈桥、鲁迅公园、八大关岸滩、石老人旅游开发区、黄岛、红岛地段沿岸进行清理，清除油沙石 52 772 t，捞取原油 46.3 t，人工刮除礁石油污面积 11 010 m²，化学清洗礁石岸壁 72 725 m²。对受污染的海水浴场、栈桥岸滩回填新沙 15 640 m³（尹田等，2004）。

二、开展旅游业污染损害评估的现状

沿海地区经济和社会的进一步发展，人们生活水平的不断提高，越来越多的老百姓加入到海滨休闲与旅游观光的行列，促使海岸带资源开发利用的方式越来越多，范围越来越大。溢油破坏了旅游业的景观和利用价值使旅游经营业主蒙受损失。

1. 国外旅游业污染损害赔偿依据

大部分国家（包括中国、英国、法国等）加入了《1969 年国际油污损害民事责任公约》及其 1992 年议定书。《索赔手册》是 1992 年国际油污赔偿基金会起草的一份文件，为了更好地指导《1971 年设立国际油污损害赔偿基金公约》1992 年议定书（下称 FUND92）的缔约国的索赔工作而编制。2005 年版《索赔手册》的赔偿范围按不同行业损害索赔的具体内容，分为清除和预防油污损害所需费用的索赔；财产损失的索赔；渔场、海产品养殖和鱼品加工业经济损失的索赔；旅游方面经济损失的索赔；采取预防纯经济损失措施的费用的索赔；环境损害以及溢油后的研究费用。

根据 IOPC Fund 的索赔手册，判断旅游业经济损失是否予以赔偿的依据有 4 条：①索赔者的经营活动与受污染区域在地理上是否有接近程度；②索赔者在经济上是否对受污染的沿岸资源有依赖；③索赔者是否还有其他来源的供应和商机可供选择；④索赔者的商业活动是否构成受溢油影响区域的经济活动的一部分。

2. 国内现状

随着我国的对外开放和国民经济的迅速发展，国内外船舶来往增加，海上溢油事故时有发生，不仅对海洋环境与生态造成了极大的破坏，而且对渔业、沿岸工业和旅游业带来灾难性的破坏。以往的溢油损害索赔案大都赔偿清污费和渔业资源损失，由于我国尚无海上溢油对旅游业损害评估技术，旅游业主因缺少技术依据而未给予充分重视，导致绝大多数溢油事件中对旅游业的损害无法得到合理赔偿。特别是，国内油轮引起的溢油事故难以得到充分有效的赔偿。

第二节　溢油对滨海旅游业的损害评估

一、观光娱乐旅游

1. 天然海滨浴场、人工海滨浴场

天然海滨浴场一般距离工业区、医疗区较远，海水污染少，视野开阔，沙质洁净，坡下海域平缓，海水清澈，为理想的游乐休闲场所。为满足游客的需求，新建了不少人工海滨浴场。例如大连星海湾海水浴场是中国最大的人工海水浴场，浴场海滩由北戴河运进的 4.5 万 m^3 优质沙铺垫而成。全长 429 m 的 1、2、3 号旅游港码头可同时停泊 4 艘近 1 500 t 的大型船舶。2005 年接待游客超过 200 万人次，其中国外游客 2 万人次。旅游高峰期，日客流量达到了 6 万人次。

由于溢油导致浴场附近水域污染，海滩因此关闭，天然游泳场、人工海滨浴场将遭受停业歇业损失。对于这部分的损失，可采用收入损失法来计算，要注意减去因污染影响而节省的经营管理和资源消耗等成本花费。通过近 3 年同时期的旅游观光门票收入的平均值作为溢油污染停业歇业期间的经济损失值。

2. 海底世界、海洋动物表演馆等海洋主题公园

海底世界、海兽馆、珊瑚馆等海洋主题公园的海水来源于附近海域，若溢油导致的取水口附近水域污染，不能取水会造成停业歇业损失。对于这部分的损失，可采用收入损失法来计算，要注意减去因污染影响而节省的经营管理和资源消耗等成本花费。

溢油导致的取水口污染，污油进入取水设备，造成设备的毁坏，以及财产损失。

3. 游泳池、室内海水游泳馆

游泳池、室内海水游泳馆等嬉水娱乐设施由于溢油导致的取水口附近水域污染，不能取水会造成停业歇业损失。对于这部分的损失，可采用收入损失法来计算，要注意减去因污染影响而节省的经营管理和资源消耗等成本花费。

溢油导致的取水口污染，污油进入取水设备，造成设备的毁坏。但在接收到溢油预警通知后应采取应急措施，关闭取水口。

4. 海滨蹦极攀岩等娱乐场所

由于海滨为接近碧海蓝天的最佳处所，空中跳伞、蹦极、跨海飞降、跨海缆车、攀岩活动为海滨的常见娱乐项目。若此类活动场所附近的海滨发生溢油事故，海面漂动的浮油会让人产生了强烈的厌恶感；参加娱乐活动的游客人数减少，甚至没有人愿意到海滨来游览，由此会造成收入损失。对于这部分的损失，可采用收入损失法来计算，要注意减去因污染影响而节省的经营管理和资源消耗等成本花费。

5. 沙滩游戏活动场

趣味沙雕、沙滩排球、沙滩足球、沙滩摩托、沙滩卡丁车等沙滩游戏活动越来越广泛。

由于溢油事故导致参加娱乐活动的游客人数减少，甚至没有人愿意到海滨来游览。对于这部分的损失，可采用收入损失法来计算，要注意减去因污染影响而节省的经营管理和资源消耗等成本花费。

另外，若溢油在此处海滩上岸，造成岸滩污染，或是在夜间上岸污染岸上娱乐设备，要考虑到其娱乐设施的清污费用。

6. 湿地观鸟

有的滩涂湿地自然景观独特，也是旅游观光的重要资源。海岸带地区有大面积湿地，滩涂广阔平缓，芦苇丛生，鸟类、鱼类在此栖息繁衍。"观鸟"作为一种兼有自然科学考察和野外休闲娱乐特点的活动，早已在全世界风行数十年。

参加湿地观鸟活动的游客人数由于发生溢油事故而减少，甚至没有人愿意到受污染的湿地游览。对于这部分的损失，可采用收入损失法来计算，要注意减去因污染影响而节省的经营管理和资源消耗等成本花费。对于发生鸟类受溢油影响的园区，还要考虑到救助鸟类的费用。除此之外，遭受油污的湿地会产生清污费用也要考虑。

二、休闲度假旅游

1. 海上旅游船

由于溢油事故导致海面漂动的浮油会让人产生了强烈的厌恶感，参加"乘游艇海上游"活动的游客人数减少，甚至没有，由此会造成收入损失。若航行途中突遇溢油事故，并被污油沾染，会产生污染造成的清洁保养等费用。

2. 海上垂钓

由于溢油导致海钓附近水域污染，海事管理部门会对事故水域进行封航警戒，海钓活动不得已而取消，会造成其停业歇业损失。对于这部分的损失，可采用收入损失法来计算，要注意减去因污染影响而节省的经营管理和资源消耗等成本花费。通过近3年同时期的收入的平均值作为溢油污染期间的经济损失值。

若海钓途中突遇溢油事故，海钓船只被污油沾染，会产生船只和钓具污染所造成的清洁保养等费用。这部分采用恢复费用法，不能清洗者的置换费用，要扣除折旧。

3. 潜水

潜水旅游在国外开展得很普遍，在我国适合开展潜水活动的地域有限，有潜水条件的地方仅限于海南岛、湛江的为数不多南中国海地区。

由于溢油导致潜水点附近水域污染，海事管理部门会对事故水域进行封航警戒，带领游客潜水的潜水公司船不能正常出海活动，潜水活动不得已而取消，会造成其停业歇业损失。对于这部分的损失，可采用收入损失法来计算，要注意减去因污染影响而节省的经营管理和资源消耗等成本花费。通过近3年同时期的收入的平均值作为溢油污染期间的经济损失值。

若潜水进行中突遇溢油侵袭，潜水器具被污油沾染，将产生潜水器材和服装污染所造成的清洁保养等费用。这部分采用恢复费用法，不能清洁者的置换费用，要注意扣除折旧。

4. 冲浪

若冲浪过程中突遇溢油事故，冲浪板被污油沾染，会产生船只污染所造成的清洁保养等费用。这部分采用恢复费用法，不能清洗者的置换费用，要扣除折旧。

5. 海上游艇俱乐部

游艇包括海上驾驶豪华游艇、高速船艇、气垫船、水翼船、地效应翼船、各种赛艇、摩托艇、划艇、皮划艇、橡皮艇、冲浪器材、滑水器材、帆船、休闲船等水上休闲娱乐设施。这种新式潮流不仅引起部分高收入人群的关注，也为许多城市发展新型服务性产业带来前所未有的契机。

溢油导致海上游艇俱乐部附近水域污染，海事管理部门会对事故水域进行封航警戒，由此导致游艇俱乐部经济损失。对于这部分的损失，可采用收入损失法来计算，要注意减去因污染影响而节省的经营管理和资源消耗等成本花费。通过近3年同时期的收入的平均值作为溢油污染停业歇业期间的经济损失值。

游艇船只造成污染的，会带来船只的清洁保养等费用，这种操作的费用也是较高的。这部分评估采用恢复费用法，不能清洗者可置换，要注意扣除折旧。

溢油可导致的游艇码头设施遭受污染。恢复原貌者需要额外费用（但要注意扣除其折旧费用）。

海上游艇婚礼和海上游艇婚纱摄影　　海上婚礼和海上游艇婚纱摄影都是提前预约的，并且婚礼的日期是不可变更的。一旦碰上发生溢油，事发水域实施了交通管制，将会影响婚期，造成重大的合同违约。对于这部分的损失，可直接参照合同约定的违约金额。

海上商务活动　　目前公司、团体在海上进行商务活动渐趋流行，游轮已成为现代时尚的商务活动的载体。由于溢油事故导致海面漂动的浮油会让人产生了强烈的厌恶感，海上商务活动被迫取消，由此造成的收入损失。

游艇驾驶培训机构　　溢油导致游艇驾驶培训机构附近水域污染，游艇操作人员的实际操作培训或考试无法按时进行，由此造成违反合同的经济损失。对于这部分的损失，可直接参照合同约定的违约金额。

三、旅游购物

旅游纪念品商场（海螺、贝壳工艺品、贝雕）、便利商店等购物设施、水上运动用品、游泳及潜水装备、钓鱼用品、船艇用机油、缆绳，以及各类渔具专卖店也会受到溢油的影响。由于溢油导致浴场附近水域污染，海滩关闭，售卖泳衣、泳镜、游泳圈等的小卖部、旅游纪念品商场（海螺、贝壳工艺品、贝雕）、便利商店等购物设施以及各类专卖店因没有游客而停业歇业，造成的收入损失。对于这部分的损失，可采用收入损失法来计算，要注意减去因污染影响而节省的经营管理和资源消耗等成本花费。通过近3年同时期的收入的平均值作为溢油污染停业歇业期间的经济损失值。

1. 淋浴室、更衣室、物品寄存处、物品租用处、停车场

淋浴室、更衣室、物品寄存处、物品（帐篷、遮阳伞、游泳圈、望远镜、烧烤用具等）租用处、停车场等，由于溢油导致浴场附近水域污染，海滩因此关闭，淋浴室、更衣室、物品寄存处、物品（帐篷、遮阳伞、游泳圈、望远镜、烧烤用具等）租用处、停车场因没有游客而停业歇业，造成其收入损失。

对于这部分的损失，可采用收入损失法来计算，要注意减去因污染影响而节省的经营

管理和资源消耗等成本花费。通过近 3 年同时期的收入的平均值作为溢油污染停业歇业期间的经济损失值。

2．小商品零售点

有营业执照和固定营业场所，穿着标志性营业服装，以旅游纪念品等小商品零售为主的旅游经营者，可能会受到溢油的影响而产生损失。

四、旅游餐饮业

1．快餐、酒吧等餐饮机构

快餐、小吃、烧烤、海鲜排档、餐馆、酒吧等餐饮设施能吸引游客，收入可观。若海滨发生溢油，势必导致到该地的观光客大为减少，随之而来的就是食客数量锐减，导致其经济损失。可以通过近 3 年来快餐、小吃、海鲜排档、餐馆、酒吧等餐饮机构的收入证明，取其平均值来推断由于此次溢油事故造成的收入损失。要注意减去因污染影响而节省的经营管理和资源消耗等成本花费。

2．水吧（售卖各类酒水、饮料、咖啡、冰淇淋）

浴场及海滨娱乐场所附近水吧的服务对象直接面对的是泳客和到海滨旅游的游客。

由于溢油导致浴场及海滨娱乐场所附近水域污染，海滩因此关闭，造成水吧停业歇业损失。对于这部分的损失，可采用收入损失法来计算，要注意减去因污染影响而节省的经营管理和资源消耗等成本花费。可以通过近 3 年同时期的收入的平均值作为溢油污染停业歇业期间的经济损失值。

五、旅游住宿

涉及滨海旅游住宿的有酒店宾馆、酒店式公寓、海滨别墅、会议接待培训中心；水上客房、家庭旅馆等住宿设施等。可通过近 3 年来酒店宾馆、酒店式公寓、海滨别墅、会议接待培训中心的收入记录，取其平均值来推断由于此次溢油事故造成的收入损失。要注意减去因污染影响而节省的经营管理和资源消耗等成本花费。

旅游旺季酒店都已经饱和，为发展经济，政府鼓励居民把闲置的住房对游客出租，既方便了游客又增加了收入。家庭旅馆一般设施都比较齐全，而且自己也可以烹饪当地的海鲜美食，房主也会提供出行建议。也给另一类，诸如现在流行的"渔家乐"水上客房（只提供简单食宿）、自助体验游（提供住宿带厨房可自己做饭）也带来收入损失。

六、旅游交通

1．海滨旅游巴士专线

许多海滨城市为方便游客，专门开通了海滨旅游巴士专线。一旦发生溢油事故，导致浴场及海滨娱乐场所附近水域污染，海滩因此关闭，游客锐减，乘坐旅游巴士的乘客数量减少，甚至有可能没有乘客，致使经营的公交线路无法正常营运遭受经济损失。对于这部分的损失，可采用收入损失法来计算，要注意减去因污染影响而节省的经营管理和资源消耗等成本花费。通过近 3 年同时期的收入的平均值作为溢油污染停业歇业期间的经济损失值。

2．轮渡

轮渡是在水深不易造桥的江河、海峡等两岸间，用机动船运载旅客和车辆，以连接两岸交通的设施。在上海、青岛、厦门等旅游城市，轮渡也在发挥积极的作用。以厦门市轮渡公司为例，轮渡日均客运量2万人左右，节假日高峰4万人以上，是厦门特区交通旅游的一个主要窗口。沿途可饱览鹭江两岸风光，观赏海上花园鼓浪屿的全景，遥望小金门、大担、二担等岛屿。

一旦发生溢油事故，导致岛屿附近水域污染，海滩因此关闭，轮渡被迫停航，造成轮渡公司收入损失。对于这部分的损失，可采用收入损失法来计算，要注意减去因污染影响而节省的经营管理和资源消耗等成本花费。通过近3年同时期的收入的平均值作为溢油污染停业歇业期间的经济损失值。

七、其他

1．旅游景区设施、道路、码头堤岸等

由于溢油应急行动造成的旅游景区设施、道路、码头堤岸等的损害，将产生修复费用，这些费用也在旅游业溢油污染损害之列。

2．旅行社

旅行社涉及合同酒店、度假旅馆的合约，一旦海滨遭受溢油污染，会导致旅行社某些担保合同的丧失，这些损失和该地的旅馆经营者所受到的损失不同。

在Haven案中，意大利的旅行社和包括大量成员的旅游局，涉及合同酒店、度假旅馆的合约，以及某些担保合同的丧失。

第三节　旅游业污染损害评估方法

溢油对旅游业的影响也有其季节性，往往对黄金周、旅游旺季等一年当中对溢油敏感的月份影响最甚。当溢油发生在敏感月份时，溢油对其影响和损害要远远高于在非敏感月份发生溢油事故造成的影响和损害。但是对地处热带区域的海滨城市，如海南三亚、海口、广东湛江等地，一年四季都可以享受阳光、沙滩、大海的拥抱，无论何时发生溢油，对当地旅游业的冲击都是巨大的。通过现场走访调查，在确定溢油对滨海旅游业的污染损害对象之后，选择相应的损害评估方法，并根据污损程度进行污染损害评估。

一、财产损失

受溢油污染的游船等旅游设施遭油污等采用恢复费用法。油污造成旅游业污染损害的，应当返还其财产损坏的，能够恢复原状的恢复原状；不能恢复原状的，按照损害程度给付相应的费用。

——由于溢油直接造成的游艇、钓鱼船、帆板、潜水器材等游艺设施设备污染导致的清洗费用，不能清洗者的置换费用（扣除折旧）；

——溢油上岸导致的岸滩污染所产生的收集废油和清洗费用，污染严重者需要置换表层沙土产生的费用。

二、采取预防措施带来的损失

受污染的旅游业经营者采取必要、合理的预防措施，防止或减少事故造成的损失，采用防护费用法进行污染损害评估。防护性支出是指在为减少或避免环境污染和生态破坏所采取措施的代价，如油污预防和处理支出、环境管理成本等。理论上说，防护性支出越多，资源开采所产生的环境污染和生态破坏就越小。此部分归入清污费用，不单独列项。

——租借岸滩型围油栏、吸油毡等防护设备费用；

——专门为此次事故购买的设备（如围油栏、吸油设备）和相关材料的剩余价值；

——清污人工费用（交通费、住宿费、餐饮费、医疗急救费、通讯费）；

——清污人员防护（防护服、防护面罩、护目镜、手套口罩、劳保鞋）费用；

——清污后设备（包括船舶、车辆）的清洗、修理费用。

三、收入损失

滨海公园、海滨浴场、旅行社、酒店的餐饮住宿、售卖旅游纪念品的小商贩等因游客人数减少而受到影响，采用收入损失法。收入损失法即用环境污染对旅游业健康状况的损害和开发利用价值和商业价值的下降来衡量环境污染的损害，同时也可以用减少的这种损害来估量污染治理的收益。它是用收入的损失去估价由于环境污染引起成本损失。

通过近 3 年来的公园、浴场、餐馆、酒店的客房、在工商税务部门登记的售卖旅游纪念品的商人的收入损失收入记录，推断由于此次溢油事故造成的收入损失。

旅游资源损失项目千变万化，只有符合上述的依据，才能保证那些直接的、现实的损害可获得全面充分的赔偿。根据我国民法的有关规定，也可推定只有这种损失是船舶油污所直接造成的，才可以得到赔偿。实践中，运用上述原则时，应根据每个案件的具体情况而定。

先要确定哪些旅游业经营者受到了损害。确定此类受害人应以受害人的经营地点离受污染岸线的距离是否足够近为主要依据，通过分析调研，可以得到受本次事故影响的受害人（全部此类受害人/其中一部分/其中一个）的损失，

$$D = \sum_{j=1}^{n} I_j - \sum_{j=1}^{n} K_j - \sum_{j=1}^{n} C_j \tag{5-1}$$

式中，I_j 为第 j 个部门事故发生前正常营业收入；K_j 为第 j 个部门受影响期间的营业收入；C_j 为第 j 个部门因污染影响而节省的经营管理和资源消耗等成本花费。

四、旅游业损失评估

根据旅游从业类型的不同，基本上可分为如下几类：海滨浴场、海洋公园、海水游泳馆、海滨娱乐场、沙滩游戏场、红树林/湿地公园、海上垂钓、潜水、冲浪、游艇俱乐部、旅游购物、旅游餐饮业、旅游住宿和旅游交通。

在旅游从业者进行评估时，需提供基本信息，如提供其经营处所的地理位置及范围，最好能提供经纬度坐标；溢油事故对其造成的影响范围、与溢油地点的距离。以便溢油事故调查组核实确认污染的范围和面积，杜绝弄虚作假的行为。

溢油事故可能造成油污上岸污染海滩浴场、沙滩以及海滩上的娱乐设施。溢油污染海洋公园水族馆、游泳馆的取水口，致使其不能正常取水，甚至由于事发突然，取水口来不及做防备遭受污染。溢油还可能污染船只、游艇、钓具和潜具。这些都影响受污染单位的经营，能清洗的受污染对象可采取清洗措施，如受污染的船只、游艇可经过清洗恢复原貌继续使用。在油污中受损对象可采取修复措施，如潜具受污染后可通过修复继续使用。不能清洗和修复或不具备清洗和修复价值的，可采取更换或者是替代措施。如沙滩遭受污染可将表层沙土挖走，更换上未受污染的沙土；取水口受污染后水族馆无法更换海水，可通过海水专用罐车从洁净海区运送清洁海水作为替代水源。

旅游从业者在溢油事故发生后，将会蒙受巨大的收入损失，可根据近3年（正常营业）同期收入的平均值和近3年同期维持费用的平均值的差额来计算其损失。

各个旅游经营业者可对溢油事故采取应急预防措施，如沿海岸线铺设围油栏、围油索，转移海上和岸上的相关娱乐设施，在沙滩上筑坝。在沙滩上建造沙坝是一项可行的保护措施。为保护敏感的潮间带区域，可将沙坝建在潮间带的上部区，否则在最高潮期间潮水会将溢油冲上后滩。对于购置、租赁相关防护设备，采取相关措施的，要保存好单据和现场影像资料，以便于进一步索赔。

第四节　典型船舶溢油污染旅游业案例分析

一、西班牙"威望号"溢油事故

2002年11月中旬，一艘26年船龄的"威望"号老旧单壳油轮从拉脱维亚满载7.7万t燃料油开往直布罗陀海峡，在驶至距离西班牙加利西亚省海5海里的海域左舷破裂，形成一条约5 km宽、37 km长的油污带。后被西班牙政府拖至公海，约1周后在狂风巨浪吹打下在离葡萄牙海域约50 n mile处断裂成两半，最终沉入到3 500 m深的海底。"威望"号油轮溢油事故，泄漏了2.5万t的燃料油，在污染最严重的海域，泄漏的燃油有38.1 cm厚，一眼看去海面上一片黑，偶尔还可以在海滩上看到几只垂死的鸟，原本碧海银沙、风光迷人的加利西亚海岸成了黑色油污的人间地狱。溢油污染了西班牙近400 km的海岸线，著名的旅游胜地加利西亚面目全非；并危及法国和葡萄牙海岸。仅西班牙政府用于清污的费用就高达10亿美元。

截至2006年，西班牙境内总共有14起要求对旅游业进行索赔的案件，索赔金额达688 303欧元；法国境内总共有194起要求对旅游业进行索赔的案件，索赔金额达25 268 938欧元。

二、"闽燃供2号"溢油事故

1999年3月24日，福建省厦门港油轮"闽燃供2号"与"东海209号"轮在珠江口伶仃水道发生碰撞，"闽燃供2号"船体受损后座底沉没，溢出重油589.7 t，珠海、深圳、中山、金星门、淇澳岛等300多 km^{2}海域及55 km岸线遭到污染。受污染沙滩上的油污平均厚度达10多 cm，部分地区深达20~30 cm。珠海市著名的旅游风景区、海滨浴场、情侣北路岸线，到处沾满油污，美丽的珠海市容惨遭严重侵害。尽管当地政府组织 2 000 多人，调用大量设备清污 20 多天，但部分污染依然难以清除，溢油事故给当地造成直接经济损失 4 000 多万元。此次溢油事故发生后 10 余年，历经海浪冲刷，当年油污的痕迹至今仍依稀可见，见图 5-1。

图 5-1　珠海渔女公园礁石被溢油沾污

珠海市菱角咀海滨游泳场对这起油污事故，提出了索赔。在溢油发生后，游泳场为降低损失，从 1999 年 3 月 29 日至 4 月 13 日集中进行油污清理工作，并在随后的一段时间进行油污清理工作，还采取相应的预防措施。为此，游泳场支付了清污费用（包括购买清污工具和支付清污人员的加班费），最后法庭判决，被告福建公司向原告菱角咀海滨游泳场赔偿损失 34 000 元。

同时，菱角咀海滨游泳场由于溢油事故造成其环境污染，向法庭请求被告赔偿其营业损失 47 092 元。并提供 1998 年 4 月、5 月和 1999 年 4 月、5 月的银行现金送款单，送款单上写明是票款。法庭审理认定，营业收入与很多因素有关，油污并不必然造成原告的营业收入减少，原告的主张依据不足，不予支持。

从珠海市菱角咀海滨游泳场与中国船舶燃料供应福建有限公司的海域污染损害赔偿纠纷一案的审判结果来看，可以得出以下几个结论：

只要旅游经营业者的经营活动与污染损害有直接因果关系的，在法庭上易获得支持，就能得到赔偿。

污染受害人有减少损失的义务，尽力采取必要、合理的预防措施，防止或减少事故造成的损失，不能坐等损失发生；否则，对因此扩大的损失，污染事故责任方可不承担赔偿责任。预防措施的费用能够获得污染事故责任方的赔偿。

第六章　溢油环境损害机理分析

第一节　溢油污染后果及其生态恢复的影响因素

溢油种类、地理条件、天气因素等几个重要的因素会对生态系统的溢油损害和恢复产生影响，因为这些因素的不同，溢油污染后果会产生巨大的差异（IPIECA，2006）。

一、溢油种类

不管是原油还是成品油，其毒性都有非常大的差别。用它们对动植物所做的实验表明，沸点低的化合物（如芳烃）具有较为严重的毒性作用。特别是在较小的范围内，溢漏的轻质油的毒性损害作用最大。

二、地理因素

如果溢油事故发生在远海，油膜溶解的余地就会大大增加；某些大规模的溢油事故（如Argo Merchant 号油轮触礁溢油事故与 Ekofisk Bravo 号油轮井喷溢油事故）也是因为发生在远海才没有严重地损害生态环境。而如果发生在近岸，溢油事故的损害作用则可能会比较明显。

三、气候、天气与季节因素

高温与大风可加快溢油的挥发，能降低遗留在水面上溢油的毒性。气温的高低影响溢油的黏度（也就能影响溢油溶解的速度及向沉积层渗透的速度）。气温、氧气及其他必需的养分，共同决定溢油的降解速度。

季节的不同，溢油产生的影响会有很大的差异，溢油影响最大的季节条件为：鸟类或哺乳动物成群结队地聚集在繁殖地带（可能与其幼仔一起），鱼类在近岸浅水水域产卵季节。冬天在盐沼地带发生溢油事故则会影响种子越冬，从而降低种子在春天的发芽率。如果花蓓恰在绽放的时候遭到油污，开花的概率会明显降低；种子成活率也会大大降低。

四、物种自身因素

不同的物种对溢油有不同的耐毒性。比如，许多海藻类对油污具有很高的耐毒性，可能是它们有一层黏性表皮以及经常遭受潮汐冲击的缘故。而红树林受溢油的影响会非常大。

第二节　溢油对生态系统的损害

从生态系统的角度，分析溢油对生态系统中各种生态因子的影响，正是这些生态因子的变化引起生态系统的能量流和营养流发生变化，进一步导致生态系统中各种生物群落对溢油发生反应和自我保护能力，因为溢油后生物群落恢复能力的差异，决定了其溢油对各种生态系统的影响和损害的多样性（沈国英、施并章等，2001）。

一、溢油影响的生态因子

任何一个生物都不是生活在真空中与世隔绝的个体，而是生活在一定的环境条件下。生态学上将环境中对生物生长、发育、生殖、行为和分布有直接或间接影响的环境要素称为生态因子。通常将生态因子归纳为两大类：非生物因子或称理化因子；生物因子。

1. 光

光是海洋环境的重要生态因子，海水中的光是太阳辐射的一种辐射能形态，光是海洋中一切生命活动的能源，绿色植物依靠光才能进行光合作用，制造有机物。光对动物的发育、生长、行为和分布都有影响。

藻类的光合作用与辐照度的关系虽然因种而异，但是一般都呈抛物线关系，在低的辐照度下是倾斜的曲线，光合作用与光强成正比，在稍强的辐照度下，曲线弯曲逐渐与横轴平行，见图 6-1。

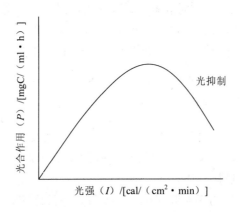

图 6-1　光强与光合作用关系

2. 溶解氧

海水中溶解氧质量浓度为 0～8.5 mg/L，海水氧含量对水生生物有非常重要的作用。表层氧含量很高，通常处于相应的大气压和海水温度条件下的饱和状态。在浮游植物大量繁殖的海区，水中溶解氧出现暂时的过饱和现象。透光层下方缺乏光合作用的氧气补充，溶解氧含量逐渐下降。在 400～800 m 深处，氧质量浓度可从正常值 5～6 mg/L，下降到 2～3 mg/L。

溢油后漂浮在海洋表面，会对海水和生物产生遮蔽，光强的下降，会影响浮游生物的光合作用。继而引起水中溶氧的降低，影响浮游动物、无脊椎动物和鱼类的生长繁殖。

3. 毒性

海洋生物对溢油的耐受限度表示某种生物对于毒性有一定的适应能力，毒性（环境变化）使生物发生变化的范围称为生态幅，它与各种生物的代谢特点有关。有些生物能适应较大幅度的环境变化，有些生物则只能适应较小幅度的环境变化。生态学上通常使用一些名词来表示耐受性的相对程度。分布广而能栖居于多种环境条件、具有宽广生态幅的生物称为广适性生物，反之，则称为狭适性生物。例如石珊瑚是典型的一类狭适性生物，只能生活在水温不低于 20℃、盐度变化很小和坚硬的底质上。而一种肉足虫（Cyphoderia Ampulla）是典型的广适性生物，在海水、混盐水和淡水中都可以生物，在温水池塘和冷水湖泊中均能见到。

海洋溢油毒性是大部分生物的限制因子，而不同的生物的耐受性明显不同，狭适性生物石珊瑚其耐受幅度非常小，因而其受溢油的影响最大。

二、溢油影响生物群落的结构

在不同的群落中，构成群落的生物种类数目可能有很大的差异，即不同群落的物种丰富度有差别。一般认为，群落中种的数目越多，就是物种多样性程度越高。两个群落有可能出现物种数与个体总数相似，但各个种个体相对数量则可能完全不同，这也反映了不同群落的物种多样性差异。总的规律是，热带海区生物群落的种类组成比北方群落复杂得多，但同一个种的个体数量往往不会很大，而在北方，生物群落的种类组成较简单，但同一个种的个体数量可能很大。例如，在生物相复杂的热带珊瑚礁有数百种鱼类栖息，但要大量捕获同一种鱼就困难了，而在高纬度海区则与此相反，常是少数种保持很大的数量。

影响群落结构的因素有：捕食作用、关键种、竞争、空间异质性、干扰。

生物群落受到各种各样的干扰，包括自然界的干扰（如风浪、雷电、地震、冰块袭击等）、群落成员的干扰（如动物对底泥的挖掘）或人类干扰（溢油污染、采捕），从而使其组成结构在时间和空间上不断产生变化。很多研究表明，中等程度的干扰能改变群落的生物多样性。通过刮掉砾石表面的生物，为海藻的再植提供了基底。结果发现，较小的砾石只能支持群落演替早期出现的绿藻石莼（Ulva）和藤壶，平每块砾石 1.7 种，大砾石很少因波浪干扰而移动，其优势藻类是演替后期出现的红藻类杉藻，平均 2.5 种；中等大小的砾石支持最多的藻类，包括演替中期出现的红藻。证明藻类多样性的差异纯粹决定于抗波浪干扰造成的砾石移动的稳定性大小，即移动频繁的小砾石和很少移动的大砾石其藻类多样性都小于中等大小的砾石。

溢油也作为人工干扰的重要方面，必然会造成各种海洋生态群落的生态演替。

第三节 各种海洋生态群落一般干扰下生态演替

群落演替在生态学上有非常重要的作用，因为群落的组合动态是必然的，而其静止不变则是相对的。生态系统是生物群落与生境相互作用的统一体，这种相互作用的结果导致整个生态系统的定向变化，所谓群落的生态演替可以用三个特征作为定义：①它是群落发展的顺序过程：包括物种组成和群落过程随时间的改变，是有规律的向一定方向发展，因而是能预见的；②它是群落引起物理环境改变的结果，也就是说，虽然物理环境决定演替类型、变化速度和发展多远的限度，但演替是受群落本身所控制的。③它以稳定的生态系统为发展顶点，即在稳定的生态系统中，就有最大的生物量和生物间共生功能。物种更替的基本动因是群落本身造成物理环境的改变，改变了的环境反而对原先的种类不利，对新入侵的种类有利，种类更替发展到顶级群落以后可保持较长时间的相对稳定，顶级群落具有最大的生物量和生物共生功能。所以说，群落的种类组成会随着时间推移而不断更替，这种生态演替是有规律地向一定方向发展，是有一定规律的。海岸也存在生态演替现象，在一个沉积超过侵蚀和搬运速度的海岸，或在一个上升海岸的陆地扩散，也可以看到类似的演替现象。最初出现沼泽地，还受到潮汐的影响，可以生长一些耐盐性的草（如大米草），这些草也加速沉积过程。随着海水侵入的减少，乃至完全不侵入，同时淡水的冲洗作用加强，出现耐盐性小的植物种类或全陆生植物。最初是草，随之有灌木侵入，最后乃至有森林建立，同时引起了生境的进一步变化，这种变化可以进一步在底栖微型动、植物区系中得到反应。经过一段时间以后，海岸线也离开了一定距离，在这一距离中的不同位置处，可以看到上述的各种演替阶段。

一、岛屿与群落结构的生态演替

MacArthur 提出平衡论（equilibrium theory）认为，岛屿的物种数目取决于迁入物种和灭亡物种的动态平衡，即不断有物种灭绝，由同种或别种的迁入而得到替代和补偿，图中的交叉点即为预测的平衡种数。

Wilson 等把 4 个红树林小岛上所有的昆虫、蜘蛛、螨和其他陆生动物以溴甲烷杀死，留下红树林植被，观察试验岛陆生节肢动物物种数目的增长过程，发现开始时，物种数增长很快，超过原有的物种数目，然后下降到岛屿上原有的种数，与预测结构很符合，这个实验是 MacArthur 平衡理论的有力证据。具体见图 6-2。

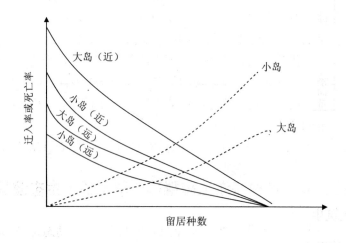

图 6-2 不同岛上物种迁入率和死亡率（引自 Begon，1986）

岛屿的物种平衡理论揭示，对群落一定程度的干扰和足够时间的恢复，就可以恢复到原有的岛屿生物群落平衡状态（交点表示平衡时的物种）。

二、潮间带岩礁群落演替

日本生态学家曾对日本北部岩礁潮间带演替过程进行实验研究，实验选择以藤壶、贻贝为优势种的附着生物群落所形成的带状结构的岩石带。开始时，将这些生物剥除下来，制成一个裸岩面。不久，单细胞藻及细菌等微生物便覆盖了整个裸岩面。第二阶段，以这些微小生物为食的黑鳞嗛和短滨螺等腹足类软体动物便集中到这里来吃这些微小生物。此时的岩礁面已经与原来剥除、制造的裸岩面大不相同了。这种岩面对藤壶幼虫的定居来说，像是非常合适似的，藤壶的浮游腺介幼虫定居在岩礁面上。过去在岩面上占优势的黑鳞嗛和短滨螺就只留下一星点，一些则移到岩礁的更上部。第三阶段，以平均海面正下方为中心附着了真牡蛎幼体和海葵类。由于这些生物的幼体是附着生长在藤壶的躯体上，所以，随着牡蛎和海葵的生长，藤壶就被覆盖了。因此，在这一层看不到藤壶，仅在平均海面以上的那一层还残留一些。在真牡蛎和海葵的更下一层，附着生长着紫贻贝幼体以及贻贝和条纹格贻贝等幼体。这些东西也把藤壶盖住，因此，从表面上看，藤壶也从这一层消失了。在更下一层，则是终绯叶和鼠尾藻等藻类植物。

经过这样的几个阶段，便形成了短滨螺—藤壶—真牡蛎、海葵—紫贻贝、贻贝、条纹格贻贝—终绯叶、鼠尾藻为顺序的岩礁潮间带的带状结构。从人工制成的裸岩面到恢复到原来样子，只需很少几年时间。在演替过程中，先行的优势种群对后来的生物种群起到提供最基本生活条件的作用，最终形成生物群落见图6-3。

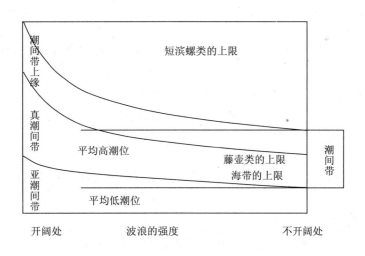

图6-3　潮间带生物群落演替

三、人工建筑生物群落演替

久置在海中的码头、桩柱等表面污损生物群落的形成、发展与演替过程，大致可分为初期、中期和稳定期三个阶段，具体过程见图6-4。

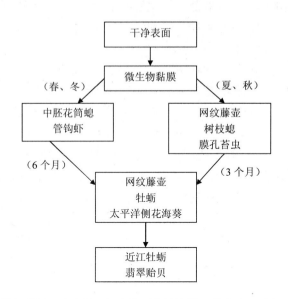

图6-4 厦门港浮码头底部污损生物群落的演替（黄宗国、蔡如星等，1994）

1. 初期阶段（微生物黏膜阶段）

放置海中的洁净物体表面，立即有细菌附着，两天后细菌可达每平方厘米几百万个之多。随后便出现硅藻，其数量也在短期内剧增。除上述两类外，尚有原生动物等其他生物。细菌和硅藻分泌黏液，形成了微生物黏膜。在热带、亚热带海域，黏膜一般在7天左右即被大型生物的幼虫所取代。

2. 中期阶段（发展阶段）

继微生物黏膜形成之后，大型污损生物的幼体开始附着，一些个体密度大、生长迅速的种类即成为群落中期阶段的主导种。在中国沿海，温暖季节只要1个月，皮海鞘、水螅和藤壶等都可分别成为优势种。这些种类又大致分为两种情况，生长迅速、生活周期短的种类（如水螅类）一般不超过3个月即衰退或死亡，被其他生物覆盖或取代。藤壶在温暖季节可继续生长达到成熟，它们可能继续存活成为稳定群落的一员，也有些个体被其他生物所覆盖。

群落形成中期阶段的特点是种类数和个体数不断增多，群落的体积和重量不断增多，种类之间的演替现象明显。

3. 稳定阶段

群落经历中期阶段的发展，一些生长期长、个体大的种类（如贻贝、牡蛎等）得到充分生长，排挤或覆盖了一些已经附着的中、小型种类，独占整个附着基的主要空间，因而成为稳定群落的主导种。稳定阶段的污损生物群落，种类比较复杂，体积和质量也比较大。随着时间的推移，群落的结构也不会发生很显著的变化。

四、软底质的生态演替

受自然或人为因素破坏了的沿岸软质海底，可能有局部范围没有底栖生物生活。如果外来干扰与破坏消失，就逐渐会有物种入侵、定居到这个没有生物的底质环境中。首先定居的几乎都是一些小型种类，特别是像小头虫属这一类能在有机污染严重的底质中生活的小型多毛类。它们生活在沉积物的最表层里，摄食沉降的有机颗粒，其生长速率很大，可在短期内达到很高的密度，但由于生活在表层，容易被邻近的小鱼虾吞食掉，所以死亡率很高。随后有一些个体较大、生长和繁殖速率较慢的种类（如较大的多毛类、蛤类）定居。这些后来的定居者可以生活在较深的沉积物中，并且是真正的食沉积物者。随着不同生物有规律的入侵定居，沉积物环境也不断改善，底栖多毛类使海水通过栖管流动，逐渐增加的底栖动物的活动会提高沉积物的透气性和改变氧化还原电位的分布。与其他颗粒物质相比较，所以定居下来的动物所产生的粪粒更易促进细菌的繁殖，而细菌本身则可作为这些底栖动物的食物，底栖环境的物质循环功能也逐渐得到恢复。

研究者（Rhoads 等，2006）在长岛滩进行的软质底生态演替的实验，从中可看出不同演替阶段定居者生活史特征的有规律变化，如表 6-1 所示。

表 6-1　长岛滩软质底生态演替实验中各期拓殖者的生活史特征

	到达数量高峰的时间/d	最大丰度/（个/m²）	个体大小/（mg/个）	世代周期/a⁻¹	生产率估计值/[g/（m²·d）]	死亡率
早期定居者						
Streblospio benedicti（多毛类）	10	420 000	0.15～50	3～4	0.57	高
Capitella capitata（多毛类）	29～50	80 000	0.15～50	5～8	0.27	高
Ampelisca abdita（端足类）	29～50	10 000	0.5～1	2	0.06	高
Owenia fusiformis（多毛类）	—	—	0.5～1	—	—	高
Mulinia annulata（贝类）	—	—	2～10	1～2	—	高
中期定居者						
Nucula annulata（贝类）	50	3 700	5～10	1～2	0.12	中等
Tellina agilis（贝类）	80	1 400	5	1	0.04	中等
Pitar morrhuana（贝类）	—	—	10	1	—	中等
后期定居者						
Nepthys incisa（多毛类）	86	220	30～70	1	0.03	低
Ensis directus（贝类）	175	30	100～300	1	0.01	低
Nassarius trivittatus（螺类）	50～223	—	3～10	2	0.01	低

第四节　溢油后生态群落演替

一、红树林生态系统

1986 年发生在巴拿马 Refineria 石油出口区的原油溢漏事故后，在红树死亡的几个地点分别种上了几组红树繁殖体（"繁殖体"是指从红树果实中生长出的秧苗，果实还在树上的时候就开始生长了，一般会在潮水冲挟之下散落，繁殖发育成红树林）。事故后 3 个月和 6 个月分别栽种的繁殖体全部死亡；而其他事故 9 个月后栽种的繁殖体、大部分更晚栽种的繁殖体却都活了。依据不同因素的作用，如溢油种类、土壤类型、事故发生地的潮水冲洗力及降雨量，在油污事故发生后必须经过一定的时间，土壤中的油污毒性才能小到一定的程度，从而使得红树自然繁殖体或栽种的红树苗成活。扰动土排出油污气味，漂浮在水面的油膜在阳光下会蒸发，这样风化后的残油不会妨碍新栽种的红树得以成活并正常生长。红树林土壤中的残油痕迹可能要存留十几年。

遭油污致死的红树林也可能有望自然再生。但这一过程可能比较缓慢，因为残油依然有毒，或由于树枝、气生根和死树树干的阻碍，通常被潮水冲落的红树林繁殖体（树种），可能到达不了遭受油污的地带。在某些情况下，当地没有足够的活树提供树种，这也可能延缓红树林的自然再生过程。

通过上述调查研究，可以认为当红树林遭遇油污的影响，其恢复过程非常缓慢，因此适当的人工恢复措施是必要的，可以加速红树林恢复的过程。具体的重建和恢复措施见第八章（IPIECA 等，1996）。

二、珊瑚礁生态系统

美国国家研究理事会在阿拉伯湾进行的一项现场试验发现珊瑚与厚度为 0.1 mm 的水上原油膜接触 5 天，并未对珊瑚造成长期影响。对巴拿马大西洋沿岸的礁湖区所做的研究表明，浅水珊瑚（0～0.5 m）与新采石油接触 24 小时，对珊瑚有轻微的影响；而深水珊瑚与油污接触后则不会受任何影响。

但是，研究者在巴拿马进行的油污影响珊瑚的最新研究已经表明，油污能对珊瑚产生严重的损害，包括对水深 3～6 m 处的珊瑚的损害。枝状珊瑚似乎比块状珊瑚更易受到损害，恢复也慢，需要 3～5 年的时间。

三、沉积海岸

在"海皇后"号油轮溢油事故（1996 年在威尔士西部）发生后，油污毒死了许多片脚类动物（沙蚤）、海扇及竹蛏。这次事故还在栖息着潮间带物种（如海扇）和潮下带浅水物种的许多沙滩上搁浅了大量油污。"Amoco Cadiz"号油轮溢油事故（1978 年在法国布列塔尼）同样搁浅过大量油污。

物种在遭受油污后的恢复情况，很大程度上取决于相关物种的油污敏感度。例如，在"海皇后"事故后，泥螺数量在几个月内就得以恢复，但片脚类动物数量 1 年之后还未恢复到正常水平。机会性物种（如某些蠕虫物种）的数量，在溢油事故后实际上可以在短期内迅速增加。物种在遭受油污后的恢复状况，也与油污在沉积物内的滞留时间有关。例如，在"Florida"号油轮溢油事故（1969 年在美国的 Buzzards 湾）后，招潮蟹数量的恢复花了 7 年多的时间，这与毒性烃类在泥滩次表层的滞留时间是成比例的。在"Arco Anchorage"号油轮溢油事故（1985 年在美国的天使港）后，因采取了有效的清理行动，使用搅动技术从沉积物中清除了油污，1 年之后物种就处于良好的恢复状态之中。

对沉积海岸的油污应以机械清理为主，恢复沉积海岸物理环境后，逐渐进行生态系统的恢复和演替。

四、近岸海域浮游植物种群的自然恢复

珠海"3·24"事故后，国家海洋局南海环境监测中心分别于 1999 年 4 月、1999 年 5 月、1999 年 7 月对浮游植物进行调查。事故发生后中国水产科学院南海水产研究所于 2002 年和 2007 年又分别对该海域进行生态调查，以下是对这 5 次调查结果进行分析。

1. 浮游植物

表 6-2 列出了浮游植物各种指标的年际变化。

表 6-2 浮游植物多样性指数和均匀度

调查时间	种类数	平均个体数量/m^{-3}	多样性指数	均匀度	优势种	硅藻占总数量/%
1999 年 4 月	114	$7.03×10^7$	3.49±0.64	0.71±0.13	短角弯角藻、中肋骨条藻 旋链角毛藻、泪罗角毛藻 密连角毛藻、透明辐轩藻	97.7
1999 年 5 月	63	$3.2×10^7$	1.77±1.44	0.38±0.28	柏式角管藻、中肋骨条藻 旋链角毛藻、尖刺菱形藻	99.9
1999 年 7 月	27	$2.182×10^6$	2.01±0.41	0.63±0.07	颗粒直链藻、变异直链藻 中肋骨条藻	99.8
1998 年 12 月	65	$5.2×10^6$	3.79±0.26	0.80±0.08	格式原筛藻、星脐原筛藻 中华盒形藻、菱形海线藻	96.3
2007 年	27	$3 269.98×10^4$	2.29±0.6	0.5±0.1	尖刺菱形藻、中肋骨条藻、 菱形海线藻	99.9

由表 6-2 可见，1999 年 4 月、5 月、7 月 3 次调查的浮游植物平均个体数量高于 1998 年 1～2 个数量级，只是多样性指数和均匀度较 1998 年 12 月底，种类和优势种不相同。通过对比可以看出浮游植物群落组成不断变化，也可能受季节盐度等的影响，可以看出 1999 年 7 月与 2007 年的优势种相似，只是生物量比 2007 年多，可能受沿岸城市港口开发和排污的影响等。

2. 浮游动物

调查区域属于珠江口水域，水中盐度较低，水质受自然环境条件制约和气候变化的影响及浮游生物采样的随机性，对该调查海区浮游动物的种类，生物量及个体数量的采集都会产生一定的误差，将历史资料调查分析结果进行比较。

表 6-3 调查海区不同时期的浮游动物比较

调查时间	种数	生物量/（mg/m³）	个体数量/（mg/m³）
1999 年 4 月	31	15 897.3	3 710 761.8
1999 年 5 月	23	639.59	209.15
1999 年 7 月	11	88.54	95.53
1998 年 12 月	26	774.55	361.69
1996 年 7 月	12	363.89	129.28
2007 年 9 月	62	194.60	194.60

从表 6-3 可以看出，本调查海区浮游动物在生物量、种群及个体数量都存在一定的差异。主要的原因是：①自然环境条件的变化；②调查季节的不同；③调查海区咸淡水的交替时间；④枯水期和丰水期浮游动物的季节交替及种类的变更等因素；⑤调查采样的随机误差。表中 1999 年 4 月的调查结果，生物量和个体数量出现异常之大，其主要原因是在调查海区出现大量的赤潮生物夜光虫。夜光虫的生物量个体数量的比例站该次调查浮游动物总量的 99.99%。

从溢油前后的监测结果可以看出，溢油对浮游生物的影响没有明显的直接作用，相反受自然环境条件和调查季节影响更大，因此可以认为溢油对浮游植物的影响在经过海水的自我修复过程后，是可以自然恢复的。

第七章 环境损害评估的程序、方法和软件

第一节 环境损害评估的程序

国内外关于环境损害评估提出了很多的评估程序，本课题借鉴国内外研究成果，结合我国的实际情况，提出了三个阶段的环境损害评估程序，见图7-1。

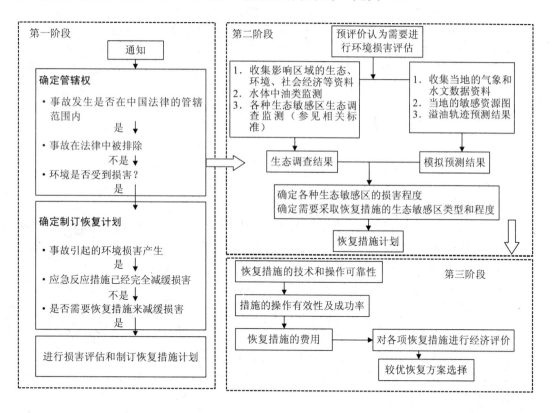

图 7-1 环境损害评估程序

一、预评价阶段

收到溢油事故报告，必须首先确定实施环境损害评估程序的界限、标准、适用范围和海洋资源受到损害的可能性。相关部门可以作出初期判断决定海洋资源是否受到损害。通过清污机构的合作，来确定清污行动是否消除了潜在的威胁。如果环境损害持续，则采取

可行的恢复措施来减缓损害。可以继续进行环境损害评估程序。

因为我国每年会有数十起大大小小的溢油事故，绝大多数在 50 t 以下，仅有少部分大于 100 t，虽然排放量和损害之间没有固定的联系，但是很少量的排放不会产生重大的生态损害。建议建立一个标准，超过这个标准的排放量可能会产生环境损害，需要进行环境损害评估。

需要确定进行损害评估及恢复计划，当满足下列条件时可以继续进行损害评估和恢复计划：①事故引起生态敏感区较为严重的环境损害；②应急反应行动不能充分地消除环境损害；③有可行的恢复措施可以减缓潜在的环境损害。

二、环境损害评估

损害评估的目的是确定对生态敏感区造成损害的性质、程度和范围，为评价恢复措施的必要性、类型和规模提供科学基础。评估人员需要确定是否存在下列问题：溢油对海洋资源产生负面影响或由于清污行动或有溢油泄漏威胁对海洋资源产生的损害。

评估人员需定量损害的程度、时空范围、实效范围。将事故后的环境损害状况与其背景值进行比较可以定量损害。

三、恢复措施的选择与恢复计划

1. 研究恢复可替代方案

一旦损害评估完成或接近完成，评估人员将制订计划来恢复受到损害的海洋资源。评价和选择可行的恢复措施，提出可接受的恢复行动（恢复、重建、替代或达到平衡），完成恢复计划。

2. 恢复措施比选

通过第八章提到的各种生态系统恢复措施的技术可行性、有效性和费用的比选，确定较优的恢复方案。

制定恢复措施的流程为：

①第一步首先评估恢复措施的可行性，即在特殊的情况下选出的恢复措施是否可行。综合考虑限制因子包括服务、原料和设备的有效性；工程建设和措施操作上需要考虑的相关事宜；将来开展重建工作的必要性或可能性；与适用的法律和规章的一致性。

②第二步评估第一步筛选出可行恢复措施的科学优缺点（有效性）。

③第三步选择可以满足重建目的和目标的、且最具成本效益的措施（即：如果两个或两个以上的措施具有相同的效益，费用较低者则是最具成本效益的措施）。

④第四步将每一措施的预期成本（或共同执行的一组措施）与预期效益进行比较（在一个合理的成本下，是可以进行效益估算的），以评估临时性损失的减少程度。

3. 制订恢复计划

制订恢复计划的征求意见稿公布给公众，便于公众提出意见，包括，如果可能，包括一定数量的科学团体。恢复计划的草稿包含预评价工作，还有损害评估工作及结果，评价恢复措施，确定可行的恢复措施。经过草稿的征求意见，相关部门确定一个最终的恢复计划。

4. 恢复措施的执行阶段

执行阶段由责任方来实施或给恢复计划提供资金，可以为损害索赔的争端解决提供机会而避开诉讼。如果责任方决定不接受索赔，可以寻求通过保险或基金对这些损失进行赔偿。

第二节 基于生态调查的环境损害评估方法

损害评估的目的是确定自然资源所遭受损失的性质、程度和范围，通过实地调查、监测和模型评估等方法确定实际发生的损失和恢复措施的规模。

基于生态调查数据、实验室分析和历史资料统计分析，溢油事故损害评估的方法主要有：①对比分析溢油后和溢油前的海洋和生物数据；②如果没有溢油前的数据，则对比分析溢油事故发生地和参照地的数据。

一、生态调查内容

1. 调查内容

选择下述全部内容或部分内容：①自然保护区，主要包括自然保护区的级别、类型、面积、位置、生物种群结构组成及生物量等；②典型海洋生态系，主要包括红树林、珊瑚礁、海草床的位置、面积、生物种群结构组成及生物量等；③珍稀和濒危动植物及其栖息地，主要包括保护生物种类、数量及栖息地面积等。

2. 调查方法

首先，根据调查数据和资料，应用相应计算机软件编绘环境敏感区的位置与溢油源的距离、范围、面积、保护内容等。

其次，自然保护区调查按照 GB/T 17108—2006 中 A.4a）和《海洋自然保护区监测技术规程》（国家海洋局 2002 年 4 月）中的有关要求执行。

再次，典型生态系统调查如红树林、珊瑚礁、湿地、海草床应分别按照 HY/T 081、HY/T 082、HY/T 080、HY/T 083 中的有关要求执行。

3. 调查标准

在进行溢油事故调查和监测时可以使用下列国家和行业标准，凡是不注日期的引用文件，其最新版本也适用。

GB/T 265 石油产品运动黏度测定法和动力黏度计算法

GB/T 267 石油产品闪点与燃点测定法

GB 3097—1997 海水水质标准

GB/T 3535 石油倾点测定法

GB/T 11890 水质 苯系物的测定 气相色谱法

GB/T 12763.2 海洋调查规范 第 2 部分：海洋水文观测

GB/T 12763.3 海洋调查规范 第 3 部分：海洋气象观测

GB/T 12763.4 海洋调查规范 第 4 部分：海水化学要素调查

GB/T 12763.6 海洋调查规范 第 6 部分：海洋生物调查

GB/T 12763.7 海洋调查规范 第 7 部分：海洋调查资料处理

GB/T 13909 海洋调查规范 海洋底质地球物理调查

GB/T 14914—2006 海滨观测规范

GB/T 17108—2006 海洋功能区划技术导则

GB 17378.2 海洋监测规范 第 2 部分：数据处理与分析质量控制

GB 17378.3 海洋监测规范 第 3 部分：样品采集、储存与运输

GB 17378.4 海洋监测规范 第 4 部分：海水分析

GB 17378.5 海洋监测规范 第 5 部分：沉积物分析

GB 17378.6 海洋监测规范 第 6 部分：生物体分析

GB 17378.7 海洋监测规范 第 7 部分：近海生态污染调查和生物监测

GB/T 19485—2004 海洋工程环境影响评价技术导则

HY043—1997 海面溢油鉴别系统规范

HY/T 080 滨海湿地生态监测技术规程

HY/T 081 红树林生态监测技术规程

HY/T 082 珊瑚礁生态监测技术规程

HY/T 083 海草床生态监测技术规程

HY/T 087 近岸海洋生态健康评价指南

HJ/T 169 建设项目环境风险评价技术导则

海洋自然保护区监测技术规程（国家海洋局 2002 年 4 月）

海水增养殖区监测技术规程（国家海洋局 2002 年 4 月）

海水浴场环境监测技术规程（国家海洋局 2002 年 4 月）

水和废水监测分析方法（第 4 版）（国家环保总局 2002 年 12 月）

二、对比分析方法

以现场调查和历史资料为基础，应全面、详细地反映出溢油事故前、后生物种类、生物量和生物密度、海洋生物质量、经济与珍稀保护动物卵子和幼体等的变化情况。可通过历史资料的综合比较，采用背景比较分析方法确定其变化情况，采用定量或半定量的方式，难以定量的应采用专家评估的方式取得。

对于典型海洋生态系如红树林、分析其水环境、沉积环境以及红树林群落、底栖动物群落和红树林鸟类群落等生物指标的变化情况；对于珊瑚礁采用定性或定量的方法分析其物理化学指标以及珊瑚、大型底栖藻类和珊瑚礁鱼类等指标的变化情况；对于海草床，分析其水环境、沉积环境以及海草群落和底栖动物的变化情况。按照 HY/T 087 中规定的海洋生态系统健康指数对上述三种典型生态系的健康情况进行分析并确定其受损程度。

分析出生态敏感区受到损害程度，下一步分析是否使用采取人工措施重新建立健康生态系统，及这些恢复措施费用。

三、样地对比方法

在缺少事故前的相关数据时，可以采用样地对比方法，样地对比方法与事故前后对比方法类似，只是需要将溢油事故后的相关调查数据与选择的样地的数据进行比对，确定受损程度。

该方法最重要的是选择合理的样地，该样地应该满足采样要求：样地应该可以代表研究的生境类型，且不同样地的环境特征（物理/化学参数、水动力特性和潮汐高度）间可以进行比较。此外，样地应该是可以到达的，同时还应易于查找和定位（即使在照片上也能看到）。建议使用 GPS 设备和数码相机或其他设备，结合样地地图，绘制样地分布图，显示样地到达路径和经纬度详细资料。

仔细斟酌和选择样地后，下一步的工作就是确定采样的时间、方式和种类，以获取最有效的研究结果。将此研究结果与溢油后的调查监测结果对比分析损害程度。

四、需要采取恢复措施的情况

1. 红树林

研究表明，红树 50%的树叶被油污污染后，则会导致红树死亡；当 50%的繁殖体被油污覆盖后，红树的繁殖体将会在 2 个月内死亡。海榄雌 50%的呼吸根被油污覆盖后，则会导致海榄雌死亡。稀薄的油膜会留下化学烧伤的痕迹，被油污污染的种子的发芽率将会降低 30%。

所以我们可以初步认定 50%红树树叶或呼吸根被油污污染，则认为这部分面积需要采取恢复措施。

2. 珊瑚礁

研究表明，造礁石珊瑚与油污的接触率为 20 mg/L，在接触 24 小时之后，油污对珊瑚造成的影响包括：组织破裂、珊瑚虫收缩、组织膨胀。

初步认为油污浓度超过 20 mg/L，在 24 小时以上的面积认为需要采取恢复措施。

3. 其他物种

其他贝类、鱼类等资源采用其相应的 LC_{50}，超过这个范围认为需要采取恢复措施。

第三节　海上溢油环境损害评估系统

为了保护我国海洋资源，能准确、快速地评估海上溢油事故对环境的损害，参考国际溢油环境损害赔偿规则，即以合理的恢复措施费用作为溢油环境损害的赔偿费用，开发了海上溢油事故的环境损害评估系统软件。

一、软件结构

本软件以 C#和 ArcGIS Engine 联合开发，软件的基本结构见图 7-2。

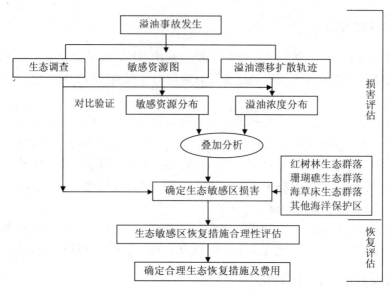

图 7-2 溢油环境损害评估模型结构

二、系统界面

该软件以 GIS 为平台，可以预置生态敏感资源的数据，链接溢油漂移轨迹预测软件和事故后生态调查结果。该软件既可以通过溢油漂移模型产生的轨迹数据和事故后生态调查的生态数据分析出溢油损害的范围和程度。

可以动态和实时显示溢油对海洋环境造成的损害范围，显示溢油漂移的轨迹，通过溢油影响范围和生态敏感资源的叠加分析，及建立溢油生态毒性模型，分析对溢油导致的红树林、珊瑚礁、海草床及其他海洋保护区等各种生态敏感区产生的损害。

软件推荐了各种生态敏感区的合理恢复措施，对恢复措施的合理性、可行性及费用进行评估，即生态敏感区采取的生态恢复措施的合理性进行评估。最后计算需要采取的合理恢复措施的费用。

用户界面见图 7-3。

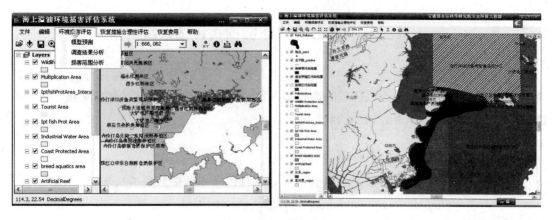

图 7-3 溢油环境损害评估系统界面

三、系统的基本功能

该系统的基本功能包括电子海图的基本操作功能，包括海图的放大、缩小、漫游、图层控制、距离策略、面积测量、地图下载和地图打印等功能。系统的主要实现功能主要包括：溢油漂移过程查询、损害评估分析、调查结果分析、恢复措施的合理性评估及恢复措施的费用计算。

1．溢油漂移过程查询

系统可以外接溢油扩散模型、电子海图、地理信息系统、敏感资源图、数据库等关键技术，能够动态显示溢油的漂移扩散过程，同时显示对各种敏感资源的损害过程。可以提高应急反应的针对性和处理效率。

2．损害评估分析

系统在 GIS 平台上，将溢油扩散模型数据结果与敏感资源图进行叠加分析，利用内置的生态模型，对各种生态敏感区的损害进行分析处理。

3．调查结果分析

本系统还可以链接生态调查结果，将生态调查结果与敏感资源的相关生态数据进行对比分析，实现生态敏感区的损害评估功能。

4．恢复措施的合理性评估

系统内置了各种生态敏感区的恢复措施的可行性、合理性和费用，可以对各种恢复措施进行合理性评估。

5．恢复措施的费用计算

系统提供了计算实际发生的环境恢复措施费用的功能。

还具有文字、图形、图表的直接输出功能，方便编辑，快速形成技术报告。

第八章　环境恢复措施[①]

第一节　红树林恢复技术可行性

一、技术可行性

低波能生态系统，例如红树林，是溢油事故发生后油污堆积的地方。红树林有着复杂的相互缠绕的根系，这使得难以进入树林中，进而影响了油污清除工作的有效性。根据文献记载，受损红树林的重建主要包括：①自然恢复；②植被重植；③林间路径开通；④低压冲洗；⑤生物补救。

植被重植是一种在非事故发生地点进行湿地重建的措施。Lewis（1979）、Lewis（1981）、Mangrove Systems，Inc.（1980）论述了在受油污影响的红树林中开展的重建项目。其他文献也阐述了油污对红树林的影响和相应的重建措施（Gilfillan 等，1981；Getter 等，1984；Evans，1985；Teas 等，1989；Cintron-Molero，1992）。

红树林长期遭受自然灾害和人为干扰的影响。自然灾害包括飓风、自然侵蚀过程、雷击树木。人为干扰包括海岸建设，例如挖掘填埋。

Teas（1977）阐述了与红树林有关的、非溢油事故重建工程。Teas（1977）讨论了植被重植的措施。Goforth and Thomas（1979）详细阐述了如何重建红树林以稳固受侵蚀的海岸，如何种植小树重建红树林。此外，Sosnow（1986）描述了如何种植秧苗重建红树林，以减轻港口挖泥带来的影响。Cintron-Molero（1992）推荐使用自然恢复这一措施，但不建议在不能获得现成繁殖体的地区中使用。

表 8-1 对各重建措施的技术可行性进行了概述。对任何一项措施都应进行监控跟踪。

表 8-1　红树林重建的技术可行性

	可行性程度	服务、原材料和设备供应	关键限制因子	将来需进行的重建措施	法律及管理手段
自然恢复	基本上可行	基本上可以获得	基本不受约束	可能需要进行植被重植	各种监控措施相互协调
现有植被被重植	在特定的条件下可行	繁殖体是季节性供应树木培育地点有限专家分布广泛	地点的海拔 潮汐影响 底层土 虫害 植被质量 沉积物中的残余油污	重植植物死亡后需要进行再次种植施肥	颁发许可证

---

① 摘取并翻译自美国《1990 年油污法》下"自然资源损害评估指导文件"。

	可行性程度	服务、原材料和设备供应	关键限制因子	将来需进行的重建措施	法律及管理手段
通道建设	在文献中有所推荐，但是文献没有阐述可行性	设施基本上可以获得	设备通道可能会对生境造成进一步损害	可能会引发额外的损害，需要开展进一步的重建工作	颁发挖掘许可证
低压冲洗	在特定的条件下可行	可从溢油事故清理公司获得	到达湿地内部的通道额外土壤污染	该措施带来的损害可能需要进行额外的重建工作	没有正式的规定
生物补救	正在试用	相关服务可由专家提供	较少人能掌握生态补救的专业技术并能将其熟练应用于河口和海域工作团队的建立可能引起富营养化	无	需要获得许可证

二、自然恢复

自然恢复的监控一直是技术可行的。

三、植被重植

技术可行的红树林重植方法包括种植繁殖体、秧苗、小红树林树苗。

1. 繁殖体和小树苗种植

在本书中，繁殖体是指直接从成熟红树林上摘取的种子或已发芽的种子，或刚从树上掉落的还未开始生长或形成根系的种子。获得用于重建红树林的繁殖体后，一般将其种植，或直接插入底层土中几英寸。红树林秧苗是指已经发芽的或已经形成根部的繁殖体。秧苗通常在苗圃中生长一小段时间（3～18 个月），然后用于重建的树苗。

经过已开展的红树林重建项目证实，繁殖体和秧苗的使用是技术可行的（Getter 等，1984；Lewis，1979；Lewis，1990；Teas，1977；Teas，1981；Teas 等，1989a，b）。例如，在受损生境中种植红树林小苗，经过几年的生长，红树林的高度和树荫的大小和直接移植的 1 m 高（3 岁）的红树林相差无几（Lewis，1991）。经移植的红树林的繁殖体或秧苗的存活率在 0～100%波动，这主要取决于种植措施的选择、幼苗类型的选择和种植的地点。

通常，种植繁殖体是重建红属红树林较可行的一种方法，原因有如下几点：第一，繁殖体比苗圃秧苗划算；第二，繁殖体不受培育秧苗的苗圃环境影响，具有较强的环境适应性；第三，风及其他气候要素会破坏栽植不稳的秧苗，但繁殖体不易受其影响（Crewz and Lewis，1991）。如果在受保护区域的合适高度种植红属红树林繁殖体，它们会和在苗圃中培育的秧苗一样，具有较高的存活率（Goforth and Thomas，1979）。

直接种植黑属和白属红树林可能是不可行的，因为繁殖体必须在潮湿的底层土中生长几天，以便更好地发芽和扎根。因为这些繁殖体很容易被潮水或其他因素冲走损坏，黑属和白属红树林一般使用在苗圃中培育好秧苗进行种植。

（1）服务、原材料和设备供应

繁殖体种植的一个受限因子是新鲜种子的获取。因为繁殖体的获取具有季节性，因而把握好繁殖体掉落的时间就非常重要。红属红树林的繁殖体一般是在夏季和秋季间的短暂过渡期中获得，而且不能储存很长时间。每年的八月中旬至十月中旬，是种子成熟的季节。在这段时间内获取足够的红树林繁殖体，是关系种植成功与否的关键（Getter 等，1984；Lewis，1990）。

用于重建受损红树林的秧苗一般采集自附近红树林中的树干，或从苗圃商处购买。一般来说，秧苗供应商可在全年供应不同种类的红树林秧苗。如果需要大量的某种秧苗，则需要花费较长的时间在苗圃内进行培育。

红树林繁殖体或秧苗的种植一般运用现成的钻和挖掘工具等设备进行手工种植。

红树林的重建需要一些专业技术人员对项目进行监管。在红树林分布的区域一般都可以找到技术专家，但可能是科学家或政府官员，还有一些来自专业重建公司。许多文献中提到，对红树林进行重建时，通常需要专家们的通力协作。

（2）限制因子

以下重点阐述运用繁殖体和秧苗重建红树林时需要注意的几点要素：

种植的高度和坡度　对于所有的红树林重建区域，在种植前必须确定合适的潮间带海拔高度，一般处于平均海平面和平均高潮面之间。海拔高度取决于潮汐的范围和种植物种。较为简单的一种方法是对种植区域附近现存的红树林进行调查，以决定种植的最佳海拔高度。

潮汐影响/波动作用　在高波能和潮汐影响区重建红树林是不可行的。不断增强的波动作用可以冲走繁殖体或破坏已长根的秧苗。在波浪较大区域种植红树林的经验表明，即使有挡板阻碍波浪，因为环境条件多变，种植红树林在技术上还是不可行的（Getter 等，1984）。因此，重建地点应该选在少受或不受海浪影响的区域，以防止种植植被被冲走。限制红树林种植的因素还包括极端环境条件，如极热或极冷天气、强风、少雨。

泥炭土组成的底层土上种植红树林　含有岩石或黏土层的土壤不适用于种植，除非这些土壤已进行充分改良。往沙、黏土或泥灰底层土中加入有机物质，以促进排水，并维持动植物的移植、生存和成长（Crewz、Lewis，1991）。

植物质量　在将用于种植的繁殖体和秧苗运送至重建地点时，应该防止其受暴晒和干燥影响。对于在苗圃中培育的秧苗，应该让其在与重植地点具有相似环境的苗圃中生长。种植于盐湖边的植被应该在一个具有恒定盐度的环境下生长，而不是在种植前几周将植被搬移至高盐度环境下生长，以让其适应高盐度环境。如果需要快速覆盖一个区域，应该种植 1～2 年生的秧苗，而不是种植繁殖体（Crewz、Lewis，1991）。

沉积物稳定性　在相对不稳定的重建区域，种植树桩、带根的秧苗的效果可能比种植繁殖体的效果更好。移动的沉积物和水流很容易将繁殖体连根拔起，而带根的秧苗存活率则较高。此外，带根的秧苗比繁殖体更容易在短期内扩大植被覆盖率，也较容易形成支柱根以助秧苗稳定生长。

合适的生境和环境条件对植物的最大生长量、存活率和自然更新都有重大的影响。移植繁殖体和秧苗的损失主要源于：①侵蚀、森林植被生长或漂浮碎片对繁殖体和秧苗的物理移除；②来自生物体的侵袭，如螃蟹摄食种子，在部分区域，野兔和猴子也会采拔植物；③种植海拔过高；④残余油污或其他污染物引起植物死亡（Getter 等，1984）；⑤自然因素引发植物死亡。

在一个溢油事故发生地点，因为沉积物中的残余油污具有慢性油污染效应，会引发植物死亡，因此重建工作可能会受阻。有些繁殖体和秧苗的死亡率很高，有些可以存活但生长率很低。在重建的过程中，人类和机械的过度干扰会给生境带来额外的损害。在受损湿地中使用重型机械和步行，可能会压死或踩死已种植的繁殖体和秧苗，并延长土壤污染时间。

（3）将来需进行的重建措施

移植的植物死亡后需要进行再次种植。

2. 幼树

种植红树林幼树重建红树林一般包括移植苗圃培育的幼树（大约3～5岁），或移植从附近红树林中挖掘的幼树。来自苗圃的幼树与繁殖体或秧苗相比，生长的更快，也可以更快地稳固底层土（Teas，1977）。在受保护区域、受侵蚀区域或高波能区域，常种植幼树以重建红树林（Getter 等，1984；Goforth、Thomas，1979）。

众多专家学者研究了将红树林幼苗用作移植材料的可行性，并提出这种方法会带来许多结果（Lewis，1990）。不管种植来自附近红树林湿地的幼树，还是种植苗圃培育的幼树，任何一个种植区域都是不一样的，移植植被能否存活并生长，主要取决于重建地点的实际特性和移植植物的类型和种类。一篇报道曾对过去的种植项目进行了总结，发现幼树的存活率在 16%～100%波动（Getter 等，1984）。影响移植植被存活率的因素包括不稳定的底层土和来自高波能海岸线的压力。还有研究表明，在 23 个月里，在暴露的或高波能区域中，2～3 岁的红树林幼树的存活率高达98%。

（1）服务、原材料和设备供应

苗圃供应商全年均可供应红树林幼树，尽管幼树的价格较高。因为合适的红树林较少，同时，将红树林树苗从一个区域长距离运送到另外一个区域而引发树苗死亡的问题引起人们越来越大的关注，因此，从一个合适的红树林获取合适的幼树就受到了一定的限制。红树林专家建议，应从与重建区域距离很近的区域选择种植材料（Crewz and Lewis，1991；Lewis，1990）。从国外引进红树林种群会受到一些限制，主要考虑到会引进外来生物或疾病，并会减少已适应当地环境的红树林数量。目前，有关红树林创建和重建的政策已开始限制使用来自不同邻近地区的树苗。

（2）限制因子

在上述对种植繁殖体和秧苗的讨论中可以得出，重建地点的条件直接影响着红树林移植的成功。此外，种植高度和坡度、潮汐影响和波动作用、底层土质量对红树林生长同样重要。当移植幼树至重建地点时，使用不同生态区的种植材料会影响移植的可靠性。不同物种对重建地条件的耐受性不一，因此需要对种植材料进行精心照顾，以让其适应移植区域的环境。从红树林供体生境（附近的红树林）中获取种植材料时，应该从原产于重建地的树干上获取。红树林的运输和装卸同样会影响种植工作的有效性。在运输过程中，应该让植株免受寒冷、潮湿和太阳直射。

此外，对于可获取植株的地方，在移植过程中还需注意：①对于顶部和旁边的枝条，应剪取枝条原长度的 2/3；②运用根球状直径器去除一半树高的部分；③当替换原土时，应水洗球根并用新土裹严球根，以填充球根与洞口周围的空隙；④植株应重植在与原产地大约一致的地平面和潮汐高度上；⑤不能在不稳定的底层土种植植株。

对于所有的红树林树种，最适宜的种植时间是4—6月中旬（Lewis，1990）。因此，在种植植物前，重建区域所需进行的建设项目必须完工。

（3）将来需进行的重建措施

移植的植物死亡后需要进行再次种植。但如果植株种植后，死亡率较高，而且没有自然集群或自然恢复现象出现，则说明这个区域不适合进行重建。

三、林间路径开通

建设林间路径，加强对受污染红树林的冲洗程度，这也是一种重建措施（Ballou、Lewis，1989）。林间路径的开通可能会引起冲洗（Ballou and Lewis，1989）和生境大循环（Evans，1985）。但是文献中没有提及已实施成功的特定的重建项目。

1. 服务、原材料和设备供应

在一个受损的红树林群落中开通林间路径，需要原料、设备和人力以挖掘通道。一般的建设设置较容易得到。还需要专业化的技术专家对项目进行监管，这也是可以实现的。

2. 限制因子

开通挖掘路径所需的设备通道可能是一个较难的任务，这取决于路径的地点。据Ballou、Lewis（1989）所述，一个理想的路径开辟地点取决于该地点的特性，如盐度、水位和水文状况。在实际选择地点时，还需要对选地进行评价。将开通林间路径作为一种重建措施，人们关注的是该措施对红树林群落产生的间接损害。林间路径的开通会改变红树林的自然水文状况。

四、生物补救

在重建红树林湿地中，生物补救是一种技术潜在可行的措施。Scherrer、Mille（1989）阐述了在试验条件下对油污红树林土壤中的原油进行生物降解的方法。

第二节　植被床恢复技术可行性

植被床分为河口和海域巨型海藻、海草和淡水水生植物床。巨型海藻床分为潮间和潮下（如海带）植被床。海草床包括温带的[如：大叶藻（*Zostera* spp.）、鳗草的一种川蔓藻（*Ruppia maritima*）]、亚热带的和热带的海草床。

一、巨型海藻床恢复技术可行性

1. 重建受损海藻床

潮间巨型海藻床出现在岩石和鹅卵石的潮间地带。目前还没有文献记载重建潮间巨型海藻床的相关信息。然而，美国石油组织（1991）建议，在此生境中开展移植工作的一种可能模式是重新建立经过选择的有机体，如海藻或经过选择的动物群系。移植工作包括从附近的未受影响的合适区域选择物种，运输至已经初步清理的重植区域并进行种植。目前，该方法具有冒险性，因为文献中还没有记载任何实地执行的项目。与其他的移植工作一样，需要考虑对外给区域带来的影响。

因为潮间巨型海藻床出现在岩石和鹅卵石海岸，因此，适用于岩石海岸和鹅卵石—砂砾海滩的可行技术也可适用于潮间巨型海藻床的重建。在选择相关措施时，需要评价该措施引起的进一步损害。

世界范围内藻场分布沿东太平洋北美和南美西海岸分布一直延伸岛亚热带纬度的上升流区，在西太平洋则分布于日本沿海、朝鲜和中国北部近海区。

记载着海带床重建的许多文献主要集中讨论生长着大型褐藻（*Macrocystis pyrifera*）的生境（Schiel and Foster，1992）。在这种生境中，生长着大量的依附物种。据文献记载，适用于重建受损海藻床的措施包括：①自然恢复；②移植植物，替代原植被；③植被剪除。

如果可以找到一个合适的地点，替代可以用作一项非本地执行的措施。需要注意的是，目前还没有文献记载在其他类型的海藻床上 [如：海囊藻（*Nereocystis*）、海带（*Laminaria*）] 开展的研究，这些措施适用于其他生态系统的可行性仍未知。

Schiel、Foster（1992）描述了海藻的重建措施。本文中阐述的历史重建措施包括反复试验、更精确的研究和科学措施的应用。例如，在过去的 20 年中，美国有许多海藻生境改善工程意在重建和扩大加利福尼亚州的海藻森林。许多未公开发行的报道记载了这些在洛杉矶、圣地亚哥（Point Loma）和圣塔芭芭拉开展的措施。联合研究和重建工程主要由加利福尼亚渔业及水上运动部门（CDFG）和 Kelco 公司负责。Kelco 公司是加利福尼亚州最大的海藻捕捞公司。自 1987 年起，研究的焦点主要集中在加利福尼亚州南部的圣塔芭芭拉受损海藻生境（Schiel、Foster，1992）。一些选用的回顾了这些重建措施的出版物已被 Schiel、Foster（1992）引用。圣昂诺弗利核电站（San Onofre Nuclear Generating Station）的运转导致海藻遭到严重破坏，因此在圣地亚哥，一些减缓海藻受影响程度的工程正在进行（California Coastal Commission，1991）。另外一篇报道记载了用于重建受暴风雨影响的海藻床的相关措施（CDFG，1990）。

日本水产厅从 2006 年度开始花费 3 年时间在各都道府县完成为了鱼的产卵场所和培育鱼苗而制作的培育大叶藻和海带的再生计划。目标是为了有效地进行水产资源的保护。为补偿因在在太阳光能照射到的浅海域生长的海藻受到填海造田等沿岸开发和水质污染等的影响，由于海流的变化导致水温上升等主要原因致使藻场面积减少。

表 8-2 对海藻床的各项重建措施的技术可行性进行了概述。对任何一项措施都应进行监控跟踪。

表 8-2　海藻床重建的技术可行性

	可行性程度	服务、原材料和设备供应	关键限制因子	将来需进行的重建措施	法律及管理手段
自然恢复	基本可行	基本可以获得	基本不受约束	可能需要进行植被重植	各种监控措施相互协调
移植植被替代	经论证在某些特定条件下可行	需要专业重建专家建设锚可能导致时间延后	在展开锚的过程中可使用的孢子群落 不适宜种植的生境条件 食草生物	重植植物死亡后需要进行再次种植	在部分州收集苗圃可能需要特殊许可证
植被剪除	经论证在某些特定条件下可行	基本上可以获得	可能会带来额外的损害	可能会带来间接损害	无正式要求

2. 自然恢复

自然恢复监控是一项技术可行的重建措施。

3. 移植植被替代

对于受非溢油事故影响的海藻床，经证明，植被移植是技术可行的。移植包括替代底层土和种植材料的使用。这些措施包括：①使用菌形锚人造生长中心（AGCs）；②一起使用菌形锚人造生长中心（AGCs）和移植植被；③用钉子固定松散植物。

（1）人造生长中心

混凝土锚可用作人造生长中心，用于在受损生境中培育海藻。锚放置在底层土中，用于吸引植物孢子。"菌形"锚是设计成底部凸起、顶面平坦的形状。在没有其他合适的底层土时（如岩石），这样的设计为巨型海藻的孢子提供了一个落脚的平面。为了稳固孢子的附着和生长，锚还安装了与混凝土混合的钢筋材料（如把手）。这些"把手"有助于保护附着在锚上的生长植物。菌形锚是利用附着在混凝土锚中的管道上的钢杆进行安装的。在沙底部，需要深埋锚，只露出锚平坦的一面（CDFG，1990）。在北部受保护的水域（如普吉特海湾），在其他的一般的底部安置不复杂的底层物质（如大型岩石、大型鹅卵石），可为海藻提供合适的吸盘。

（2）人造生长中心和移植植被

与单独使用人造生长中心锚相比，同时使用人造生长中心（AGCs）和幼小的海藻植被（移植植被）可能会加速受损生境的恢复速度。这已被证实是一种海藻重建的技术可行的方法（CDFG，1990；Schiel、Foster，1992）。运用附着于锚表面的特殊的铁丝网可保护种植材料。钢筋把手可为移植植物提供支持。移植物种提供了用于繁殖的自然孢子的一个额外来源，还为其他有机体提供了一个快速生长的生境。将植物孢子放置于实验室中培养至一个所需的发展阶段时，可以用作移植植被，并定植于固定区域中。只有植被长至 1 m 高时，才能在环境中种植。

（3）将松散植被钉至生境底部

另外一项经论证的、适用于重建受损海藻床的措施是运用金属钉将松散的植被原料牢牢固定在生境底部。这一措施已运用于沙质底部环境（如加利福尼亚州）。基于现有的文献，稳固松散植被原料的最好方法是利用软管鱼钩将"两脚"长钢筋钉固定在底部（CDFG，1990）。钉子是将松散植物固定在底层土上。鱼钩是用于保护植被。经证实，当在软质底部的环境中运用这一方法时，被认为是技术可行的。然而，该方法可能不适用于硬质底部的海藻床生境。

（4）服务、原材料和设备供应

对于上述提及的措施，如果重建地点的船运和地面交通较为便利，一般来说，所需的原材料和设备可以很容易获取。一个例外可能是混凝土锚不易获取，因为这是由专门的制造商制造的。另外，用于附着于混凝土锚上的移植材料的获取难易程度，取决于当地苗圃可提供所需材料的能力。

据文献记载，美国多数的海藻重建工程均在加利福尼亚州进行。因此，熟练掌握以上移植措施的专家们多集中于该区域。Schiel、Foster（1992）概述了关于海藻群落的全面的研究参考书目，明确了可以监管重建工程的技术合格的一系列人选。锚和移植材料的安置也需要轮船操作员、司机和其他技术人员。在海岸区域，一般都可以找到合适的人选。

（5）限制因子

一般来说，重建工程应该在过去曾经生长着海藻的地方进行。在进行重建规划时，应该选择合适的生长密度，以保证海藻正常生长（如在该区域看起来是属于正常生长的）。当使用人造生长中心时，抛撒锚的最有效时间是 9—10 月，这是巨藻（*Macrocystis*）孢子生长的最佳时期。当没有巨型海藻的孢子进行补充时，例如，在冬季末期和春季，海藻不能在生长中心上进行繁殖时，就应该同时运用锚和移植植被。当在沙质底部生境运用锚时，要注意不能将锚完全埋入沙中，要保证露出表面以便新的海藻孢子生长。这种情况下，重型的锚（例如：45～65 英镑/个）是不能使用的，因为重型锚可以更好的抵抗巨浪和其他可能掩埋锚的压力。再者，重型锚可以保护最大型的植被，并让植被在抛撒锚的一年内顺利生长。

如果需要实现种植物种最大的生长量、存活率和自然补充，则需要合适的生境和环境条件。如果沉降作用很强，则种植的技术可行性会受阻，因为这会阻碍阳光和营养物质到达植物。高水温、高浑浊度会冲刷和磨损植物，阻碍巨型海藻的孢子在底层物质上生存。较差的底层土也会影响海藻群的特征。

（6）将来需进行的重建措施

如果恢复速度较慢，将来则需要再开展一些重建措施（如额外的移植）。

4. 植被剪除

据文献记载，在清除措施中，剪除含有油污的巨藻（*Macrocystis*）是一种可以有效去除海藻床中残余油污的技术可行的方法（Johnson、Pastorok，1985；API，1991）。然而，还没有相关文献记载在溢油或非溢油事故发生后开展的植被剪除实例工程。

植被剪除可能会对生境带来进一步的损害，但是可以采取一些与剪除相结合的措施来减轻这些影响。这些措施包括，在已经剪除清理完毕的区域留下部分未接触过的海藻带，必要的话只收割最短的海藻，选择性疏伐海藻植被（Johnson、Pastorok，1985；API，1991）。

只有巨型海藻的种类不是从叶子顶端开始生长的物种时，如褐藻（*Macrocystis* spp.），才适宜采用植被剪除这一方法。在采用这种方法前，需要评价该措施对其他物种产生的影响。

二、海草床恢复技术可行性

1. 海草重建

中国沿海的海草床主要分布于广东、广西、海南和香港等省区。

广东的海草床主要分布于雷州半岛的流沙湾、湛江东海岛和阳江海陵岛等地区。流沙湾海草床优势种为喜盐草，分布面积占 98% 以上，整个海草床基本上呈连续分布。

广西的海草床主要分布于合浦附近海域和珍珠港海域等。其中，合浦海草床主要分布于铁山港和英罗港的西南部，基本呈 8 块斑状分布（分别为 淀洲沙、下龙尾、北暮盐场、英罗港、沙田淡水口、山寮九合井底、高沙头和榕根山榄脚下），各斑块的面积为 20～250 hm² 不等，总面积约为 540 hm²。喜盐草为该海草床的优势种。

海南的海草床主要分布于黎安港、新村港、龙湾和三亚湾等。海菖蒲为黎安海草床的优势种，而喜盐草和二药藻的分布面积之和小于 10%。新村港海草床面积约为 200 hm^2，海菖蒲为优势种，而二药藻的分布面积小于 8%。龙湾海草床呈带状分布。三亚湾海草床面积小于 1 hm^2，以泰来藻为主。

香港地区的海草床的面积相对较小，主要分布在深圳湾海域和大鹏湾海域。

新村港典型的海草，海菖蒲，俗名叫海水兰，因为很像陆地的兰花，以无性繁殖生长为主，它也会开花结果。在海草的根部有大量的螃蟹、虾、鱼苗生活在那里，是它们生活的乐园和天堂。

川蔓藻（*Ruppia maritima*）也是一种优势物种，在全世界都有分布。在亚热带和热带气候区域，分布着很多类型的海草。这些区域的优势物种包括海龟草（*Thalassia testudinum*）、古巴鱼草（*Halodule wrightii*）和粉丝藻（*Syringodium filiforme*）。

经确认的海草重建措施包括：①自然恢复；②植被重植。只要可以找到一个合适的地点，植被重植可以在重建区域进行，或不在重建区域进行。

通过对公开发行的文献进行研究以及与技术专家进行交流，发现目前还没有相关文献记载重建受油污损害的海草生境的实例，但有很多文献详细阐述了在非溢油事故发生后重建海草床的措施（Zieman，1984；Fonseca，1991；Thayer，1991）。

表 8-3 对各重建措施的技术可行性进行了概述。对任何一项措施都应进行监控跟踪。

表 8-3　海草床重建的技术可行性

	可行性程度	服务、原材料和设备供应	关键限制因子	将来需进行的重建措施	法律及管理手段
自然恢复	基本可行	基本可以获得	基本不受约束	可能需要进行植被重植	各种监控措施相互协调
植被重植	经论证，在某些特定条件下，种植泰来藻（*Thalassia*）是可行的	需要合适的外给地需要专业技术专家监管项目	种植受到季节的限制食草生物	重植植物死亡后需要进行再次种植	树干移除和种植可能需要特殊许可证

2. 自然恢复

自然恢复监控是一项技术可行的重建措施。

3. 植被重植

植被重植是重建海草生境的一种措施。这种方法已经使用了很多年，随着该方法的不断发展完善，目前已经可以收集到越来越多的相关信息。该方法主要使用 3 种繁殖体：草皮块、新苗（或裸根）和种子。

（1）草块和草皮

一块草块包括海草叶、根、根茎和沉积物。它是从一块自然的海草床中挖取的，并运至一个已经挖好的洞中。小型的草块也可以转移至泥炭穴中，并种植于沉积物中。在高波能区域，可以运用水泥圈将草块固定起来，以让移植植被下沉，或用铁丝网覆盖住移植植被。运用草块移植植被可以减少对海草植物根部和根茎的损伤，因为该方法可以同时移植大部分的沉积物块，可以为海草植被提供直接的稳固的底层土。

当移植一块海草草块时，可以使用一种取芯的机械装置。在移植试验中，通常使用一个 PVC 取芯管（直径约 10 cm，长度约 51 cm）从一个外给海草床中获取一块海草草块，并将其完整无缺的植入承受沉积物中。种植海草草块芯样时，需要运用一个树木种植棒，其作用是将沉积物变松软。如果一组人员共同准备、处理和种植植被时，芯样种植措施是最有效的（当在水下一定深度开展种植工作时，就有必要运用 SCUBA 齿轮）。

运用泥炭穴的方法是一种近期才发展起来的方法。目前有很多相关的试验正在进行，以评价该方法的技术可行性、成本效益和成功率（Fonseca，1991）。该方法将小型海草草块作为移植材料。草块被放置于正方形的泥炭穴中，泥炭穴可以支撑草皮及其根部。然后将泥炭穴连同草块一起种植于生境的沉积物中。该方法的一个优点是可以将肥料小球放置在泥炭穴中，以促进草块的生长。在移植成熟的海草时，泥炭穴的方法被认为是一种可行性的措施。但是，这种方法是否可以长期有效，目前还未知（Fonseca，1991）。

海草草皮的使用是指从一个外给生境中裁剪一块沉积物，并将其放置于在重建地点挖掘出来的一个浅沟渠中。经证实，运用草皮移植海草，是一项技术可行的措施（Thorhaug、Austin，1976；Thorhaug，1980；Phillips，1982；Thorhaug，1986）。在重建鳗草生境时，同时使用草块和草皮被认为是最可行的方法（Thorhaug、Austin，1976；Thorhaug，1986；Phillips，1982）。

（2）新芽（裸根）

海草新苗是指从外给海草床中收集到的运用于重植工作的裸根植物。运用海草新苗进行移植时，通常需要钉子将其固定根部系统固定在沉积物中。人们经常将许多根捆绑在一起，形成一个更加复杂的根基。因为新苗的根部不带有底层土，因此移植海草新苗后所需要进行的后期护理工作比移植海草草块要简单。目前，已经移植了很多种海草的新苗，对鳗草而言，这一技术是可行的（Thorhaug、Austin，1976；Thorhaug，1980；hillips，1980—1982；horhaug，1986；Fonseca，1990）。

在运用钉子这一方法时，海草的"种植单元"是由许多的海草新苗做成的，并将其插入底层土中，然后借助通气管或 SCUBA 设备，施工人员在水下采取手工的方式，用钉子将"种植单元"稳定在底层土中。钉子比其他种植新苗的措施可靠（Fonseca 等，1990b）。然而，当重建区域浑浊度较高，且海浪运动属于低潮期时，这种方法的失败率较高。

（3）种子

也可以在一个受损海草生境中种植海草种子，并进行繁殖。当从一个外给海草床中收集成熟的果实，并将剥去其外壳收集到种子之后，就可以将种植人工种植到底层土中。在干扰较低的生境中较容易播种，且根部形成和生长的成功率较高。种子可以在贫瘠的沉积物中、已建好的海草床中或深海的海藻中生长（Thorhaug，1989）。播种所需要的劳动力比移植所需的劳动力少，如果可以获得大量的种子，播种也是一种成本效益较高的海草重建措施。但是，这种方法主要取决于种子的季节性收获。在收集适宜于重植的海草种子时，存在一定的难度，而且重植种子时，对于很多种类的海草而言，种子的发芽率不高，但除泰来藻（*Thalassia*）外（Thorhaug、Austin，1976；Fonseca 等，1979；Thorhaug，1980；Phillips，1982；Thorhaug，1986）。因此，现在这种方法只有对种植泰来藻（*Thalassia*）是可行的。

（4）服务、原材料和设备供应

通常海草种植材料是利用铁铲和其他工具，人工在一个外给海草区域上收集到的。具体的收集方式还取决于要收集的种植材料的类型。需要技术专家对工程进行监管，包括来自学术界的、政府机构的或拥有丰富海草重建经验的公司的技术专家。此外，如果在一个深水区域开展重建工作，还需要一些潜水者。

（5）限制因子

因为植被生长的季节差异性，种植的时间必须与当地的气候条件相协调（Fonseca，1990a）。例如，秋季一般被认为是最适合种植鳗草的时期（Fonseca 等，1979）。

第三节   珊瑚礁恢复技术可行性

一、珊瑚礁的重建措施

珊瑚礁的重建措施包括：①自然恢复；②重建礁石基底；③移植珊瑚。

如果可以找到一个合适的地点，这些措施可以用于直接重建工程或替代工程。

目前很少有或没有在受油污影响的珊瑚礁生境中开展重建工作（Bright，1991；Gittings，1991b；Hudson，1991）。

最近的科学文献主要集中报道在受建筑物损害的礁石区域中开展的复原措施，比如船舶搁浅带来的礁石的损坏。所报道的重建措施包括从一个外给区域移植活的珊瑚物种或珊瑚群至一个受损的礁石区。据记载，该方法是技术可行的（NOAA，1991b；Fucik 等，1984）。文献中推荐在受油污损害的珊瑚礁中使用的一种重建措施是将珊瑚群体移植至礁石架内（Fucik 等，1984）。但是，该方法还没有在与溢油相关的礁石损害事故中应用。

表 8-4 对各重建措施的技术可行性进行了概述。对任何一项措施都应进行监控跟踪。

表 8-4   重建珊瑚礁的各项措施的技术可行性

	可行性程度	服务、原材料和设备供应	关键限制因子	将来需进行的重建措施	法律及管理手段
自然恢复监控	基本可行	基本可以获得	基本不受约束	如果需要,则要考虑重建和移植珊瑚礁	各种监控措施相互协调
礁石基底重建	经论证,该方法可以重建受建筑物损害的礁石	需要技术专家的支持	需要在合适的环境条件下进行	如果需要,则要考虑移植珊瑚礁	需要获得许可证
移植珊瑚	经论证,该方法可以重建受建筑物损害的礁石	获取移植原料可能受到限制	需要有合适的外给种植原料	由于移植的珊瑚死亡,需要进行额外的重建工作	需要获得许可证

二、自然恢复

自然恢复监控是技术可行的。

三、重建礁石基底

受损的礁石基底可能需要进行重建或复原。例如，一艘船舶搁浅可能会使形成珊瑚礁框架的碳酸钙基底破裂。稳固这些受损礁石的一种常用方法是利用以碳酸钙为基质的水泥系牢受损区域中的礁石碎片。所使用的水泥与珊瑚具有相似的化学组成成分，可适于礁石有机体生存。

实验证据支持该措施在重建礁石框架上的技术可行性（Hudson，1991）。在运用水泥稳固生境的区域，活珊瑚可以在受损生境中繁殖。稳固礁石基底带来的额外的支撑物和凹凸的表面，可以增加珊瑚群落在损害发生后重新生长的能力。在礁石结构中重新布置大型脱粒的碎片，例如珊瑚群或"珊瑚块"，可以重新创建自然珊瑚礁复杂的排列。

1．服务、原材料和设备供应

用于稳固礁石结构的以钙为基质的水泥随处可得（Hudson，1991）。需要一些潜水者来完成重建工作。这些服务一般均可以在有珊瑚礁存在的区域获得。还需要科学专家对各项措施进行监管。

2．限制因子

如果小心施工，并且不引起额外的损害，该方法是基本上不存在任何限制因子的。该方法需要合适的环境条件，包括重建区域不受污染影响。

3．将来需开展的重建工作

如果不能实现重建措施，则需要考虑移植珊瑚。

四、移植珊瑚

在重建受溢油事故影响的珊瑚礁的各项措施中，Fucik 等（1984）建议采用移植活珊瑚群这一方法。在受建筑物损害的礁石区域中，运用了该方法重建了珊瑚礁，经证实，该方法在技术上是可行的。

如 Hudson、Diaz（1988）所述，在一个重建工程中，曾移植珊瑚礁来重建一个受损的礁石。经观察发现，移植的软珊瑚的死亡率比硬珊瑚高，因为在重新安置样本时，很难对脆弱的吸盘组织不造成损害。移植硬珊瑚时，不需要面临这个问题，因为有石头骨架保护吸盘组织（Hudson、Diaz，1988）。文献没有记载通过移植珊瑚实现受损珊瑚礁的完全恢复的案例，主要是因为珊瑚样本完全生长和自然恢复需要很长的时间。

1．服务、原材料和设备供应

繁殖珊瑚礁的移植方法包括从附近的珊瑚礁上剪取未受损的活珊瑚，并将其固定在受损的礁石上。用作移植原料的珊瑚群的可获取性取决于在损害发生区域，现存珊瑚的质量和复杂性。将移植的珊瑚固定至受损礁石上所采用的物质是钙基水泥，这种材料随处可得（Hudson，1991）。

在文献中记载的过去采用的重建受损珊瑚礁的措施中，还提到了科学家之间的通力协作。这些专家需要在科学界中寻找。

潜水者需要从船上用手携带珊瑚样本至移植地点，并将其固定在合适的位置。这些服务一般可以在生长着珊瑚的区域中获得。

2. 限制因子

相关研究者曾对过去采用的珊瑚移植重建珊瑚礁方法进行了回顾，并指出了在收集和移植珊瑚样本、将样本移植至礁石框架中所需要注意的事项。在移植珊瑚样本前，必须整理基底，将松散的沉积物、岩屑和软珊瑚骨架从该区域中去除。用于移植的珊瑚必须从周边的珊瑚丛中采集，这样可以得到与受损珊瑚相同的类型，同时还需要考虑对周边区域的影响，不对周边生物生存构成威胁。

选做移植原料的珊瑚物种应该是量大的、生长快的，有成熟的生长结构，可以容易附着在礁石基底上。此外，选做移植原料的珊瑚应该具有成熟的繁殖功能，并且在移植区域具有相对应的配子资源，这两点很重要（Fucik 等，1984）。这些标准可以保证新珊瑚可以尽快地生长。技术可行性取决于有益于生长的环境条件。例如，移植试验的观察结果表明，在免受猛烈海浪影响的区域中珊瑚的存活率较高，在一个长期受到污染的地方，恢复速率下降很快（Fucik 等，1984）。

3. 将来需开展的重建工作

移植的珊瑚如果发生死亡，则需要采取额外的重建措施。

第四节 渔业资源重建措施可行性

除了重建生境，需要重建生活在这些生境中的鱼类和野生动植物种群。目前已有几种技术可行的重建方案。重建措施通常包括自然恢复监控、生物自然资源再引种以及增强、保护和管理不同类型的生境。如果没有其他可用的重建措施，或一些重建措施的实施会带来更大的损害，通常会采用自然恢复，或不采用任何措施（除了监控）。所有的措施均需要对重建区域进行定期监控，以确保可以实现恢复预期效果。补充生物自然资源量的目的在于通过引进或繁殖与受损生物自然资源相同或相似的生物资源，加速恢复进程。

一、贝类

贝类种群的重建措施包括：①自然恢复；②礁石重建；③重建海底孵化场和播种（种群恢复）；④生境重建和强化；⑤改进渔业管理方法；⑥生境保护和获取。

可以开展重建孵化场和播种项目，重建其他类型的贝类和无脊椎动物种群。目前国内外已经开展了蛤蜊和其他软体动物的播种项目。例如，中国沿海饲养孵化的小陆蛤。该措施在技术上是基本可行的，种子的选择主要取决于有效性、成功性以及费用。

其他的贝类重建措施与鱼类的重建措施相似。

二、鱼类恢复措施可行性

1. 受损鱼类种群的重建

已经使用过的受损鱼类种群的重建方法一般有5种。许多文献已对5种方法进行阐述，并证明这些方法是技术可行的。它们包括：①自然恢复；②种群恢复/替代；③生境重建和强化；④改进渔业管理方法；⑤生境保护和获取。

生境重建和强化是指改善鱼类在污染物中生存所依赖的生境基础结构。生境强化的形式多样，包括建立人造礁石、开辟产卵通道、改善鱼游通道。这些措施可以减轻溢油事故带来的损失。

改进渔业管理方法是指开始执行相关政策，暂时减轻或消除与受污染的特殊鱼类相关的娱乐性活动和商业捕捞，目的在于在不受捕捞的负面干扰的情况下，恢复受污染损害的鱼类种群。

生境保护和获取包括指定禁止人类进入和使用的区域，目的在于促进受损种群的恢复。

2．自然恢复

自然恢复监控通常是技术可行的。

3．种群恢复/替代

（1）服务、原材料和设备供应

目前，在私人、部落和公众孵化场中只能购买到部分用于重建种群的鱼苗种类。这些孵化场一般多养殖可钓捕的鱼类（即鳟鱼、鲑鱼）。但是，在小型孵化场中也有养殖不流行的、非钓捕类的鱼种。随后列出中国可以养殖的鱼种。

为了有效地将鱼苗从孵化场运至释放区域，可能需要租借一些特殊的设备（如机力冷冻的保温槽车）。将鳟鱼鱼苗从孵化场运输至 Superior 湖的繁殖区域，就是使用了类似的卡车（北美五大湖渔业委员会，1987），然后通过与卡车连通的管道将鱼苗释放至湖中。需要注意的是，这些管道的排出口应放置在水面之下，以减少鱼苗承受的压力（Smith 等，1990b）。

（2）限制因子

鱼类需适当适应运输卡车和释放区域之间的环境差异，才能很好的存活。种群恢复区域的水应慢慢的倾注至运输卡车中，同时，运输卡车中的水也应该缓慢注入恢复区域中。鱼类对温度、pH 值、碱度、硬度和盐度的环境适应过程可以减轻鱼类承受的重大压力。鱼类适应环境所需时间的决定因素是两种水质类型间温差的均衡时间。温差的均衡速度应控制在至少 4℃温差/小时的水平上（Smith 等，1990b）。

在获取引种鱼苗时，需要考虑的另外一个问题是重建区域与最近的养殖同类引种鱼苗的孵化场之间的距离。如果目前孵化场没有养殖受污染损害的鱼类幼苗，或者最近的孵化场交通不便，则可以建立一个孵化场，培育重建鱼类生境所需的鱼类幼苗。创建一个新的孵化场主要受到两方面的限制，一是足够的 10～27℃的干净水源（即取决于物种喜高温或喜低温），二是适应目前废水排放标准的能力（Nelson 等，1978）。

中国目前可以孵化养殖的鱼种：

海水鱼繁殖已有 23 科 51 种获得成功　目前主要养殖的有：石首鱼类的大黄鱼、眼斑拟石首鱼；鲬科鱼类中的石斑鱼；鲷科鱼类的花尾胡椒鲷、红鳍笛鲷、真鲷；鲆科鱼类牙鲆；军曹科鱼类、鲈鱼等。

国外引进种　眼斑拟石首鱼、条纹狼鲈、大菱鲆、罗非鱼、大西洋牙鲆、大西洋鳙鲽、塞内加尔鳎、欧洲鳗、云纹犬牙石首鱼、虹鳟等。

（3）将来需开展的重建工作

在一些情况下，再次引进的鱼类死亡率较高。在引进新鱼苗后的 2～3 天内，有必要对重建区域进行监控，以评价鱼类的存活情况。如果死亡率高于 5%，则需要再次引进新的鱼苗。

4．生境重建和强化

（1）服务、原材料和设备供应

Duedall、Champ（1991）建议与钓鱼协会人工礁石发展中心联系，以获得人工礁石设计、建设发展、建设材料等可靠信息。此外，在一些国内和国际会议上也会定期讨论人工礁石的新发展、新动向。联邦政府、州政府（如加利福尼亚州、佛罗里达州、北卡罗来纳州、华盛顿）、当地政府、科学界及私人企业都积极参与了人工礁石项目。

可用于建造人工礁石的材料种类非常丰富，包括从目前已有的材料（如旧轮胎）到专门建造的礁石结构（如由塑性树脂建造而成的圆锥形物体）的各种材料。以下是文献中提到的运用各种材料建造人工礁石的案例：

①据 Duedall、Champ（1991）介绍，国际上建造人工礁石常使用的材料包括飞机、汽车、公共汽车、手推车、竹子、缠绕轮胎的竹子、捆绑式垃圾、桥梁、混凝土砖、建筑碎石（混凝土碎石，如水管、桩段）、发动机、玻璃纤维和增强塑料、货运车和车轮、金属（主要是钢铁）、采石场毛料（即花岗岩、沙岩、石灰石）、海面石油和汽油钻井台、聚丙烯绳和电缆、聚氯乙烯管道、电冰箱、炉子、热水器、洗衣机、船只、混凝土中的（石灰或水泥）稳定灰渣（即煤灰、燃油灰、焚烧灰）、水池和厕所、轮胎、战争武器、木头、树木和灌木丛。在美国，礁石工程师已被禁止在其设计中使用垃圾和残骸，因为公众会认为这是一种垃圾倾倒行为，而不是在建造礁石，同时，残骸还会带来污染隐患。因而，许多设计采用了混凝土、采石场毛料、木材和轮胎作为原料，进行各种配置和组合。

②Feigenbaum 等（1989）试验建造了 5 种礁石结构：非压舱轮胎捆绑物、表面积宽阔的轮胎、轮胎与混凝土混合物、混凝土拱形建筑物和混凝土管道锥。采石场毛料持久耐用，且在华盛顿地区很容易获得，因此 Hueckel 等（1989）充分利用了采石场毛料建造了岩石生境人工礁石。Prince、Maughan（1978）讨论了利用三角轮胎单元建造礁石的人工礁石发展项目。

③Nelson 等（1978）研究了利用灌丛掩蔽处、轮胎和其他鱼类庇护所（如碎石、混凝土管道、水泥砖、石块、旧汽车）建造人工礁石的项目。在加利福尼亚州的一项试验中，通过将塑料带子与一个合适的生境相连接，创建一个人工海藻床，以改善强化鱼类生境。

④Bell 等（1989）对 8 种人造礁石结构进行了评价，包括带孔的钢芯混凝土管道、大型钢芯混凝土管道、聚烯烃塑料锥体、聚烯烃塑料半球、钢结构立方体、经改良过的带塑料网眼的钢结构立方体、改良混凝土和聚氯乙烯码头、轮胎与混凝土混合物。

⑤Knatz（1987）描述了一个为减轻 Long Beach 港口填埋工程对生境带来的影响而提议在港口外建造的人工礁石项目。该项目使用了不受污染的混凝土、碎石和乱石堆等原材料，石头最小直径为 1 英尺，并堆成 10 英尺高。

⑥荒废的石油钻井平台是人造礁石原材料的另外一个来源。将不再使用的钻井平台转化为人造礁石结构，而不是毁坏它，被称为"钻探平台变礁石"（Iudicello，1989；McGurrin、Fedler，1989）。

（2）限制因子

尽管可以用于建造人工礁石的材料很多，但是在选择合适的建造材料时，除了考虑材料获取难易程度和短期成本效率外，还需要考虑一些其他的因素。Hueckel 等（1989）强调了应用持久耐用的材料建造人工礁石的重要性。易碎物质的损坏速度很快，需要经常修补或替换，因此对生境造成不必要的干扰。最理想的情况是使用最持久耐用的、已经可以获取的、成本低的材料，例如采石场毛料可以减轻潮下岩石生境受到的干扰。

需要考虑的另外一个因素是如何选择一个合适的礁石建造地点（Hueckel 等，1989），主要考虑船只运输和渔业商业网捕带来的干扰。

Feigenbaum 等（1989）指出了因礁石位置的不同而导致的结构稳定性和灵活性的差异。他们研究发现，与保护水域或半保护水域相比（如切萨皮克湾），建造在沿海水域中的礁石稳定性较差，较容易移动，很大程度上是受暴风雨影响较大。

Duedall、Champ（1991）全面列举了在选择一个礁石建造区域前所需考虑的因素。这些因素包括建设地点和海岸的距离及可达性、礁石建造材料的可获取性、建设地点和临近区域的生物学特性、透光层的深度、损害物（即船道）、礁石安置的难易程度、所需的债务、保险和许可证、海洋特性、水流和波浪状况、建设地点的工程效益和经济、娱乐效益、沉降速度、目标种群、浑浊度、天气和暴风雪。

5．改进渔业管理方法

在 Exxon Valdez 号油轮溢油事故的一些相关重建工程中，应对渔业资源进行监视和管理，特别是对沿海切喉鳟、细鳞大麻哈鱼、红大马哈鱼、太平洋鲱、岩鱼和花羔红点鲑。额外的渔业管理措施通常还包括将受损区域的娱乐性渔业和商业性渔业转至不受溢油事故影响的区域中进行（Exxon Valdez 号油轮溢油事故处理理事会，1992a，b）。

在建立渔业使用的相关管理政策前，应该建立和维护一个拥有不同区域渔业种群数量、大小和其他重要信息的数据库。这些数据的获取需要开展高强度的野外调查工作（Exxon Valdez 号油轮溢油事故处理理事会，1992a）。

6．生境保护和获取

Exxon Valdez 号油轮溢油事故处理理事会主要考虑两种渔业生境保护和获取策略。第一个计划是将受损区域指定为受保护的海洋生境（即海洋自然保护区、海洋公园）。第二个计划是划分私人区域，发展娱乐性渔业。这可以减轻重新恢复游钓鱼群的压力。这些方案均受到地域特殊性的限制，方案的可行性取决于在特定区域内是否可能获得合适的土地。

第五节　哺乳动物恢复技术可行性

受损哺乳动物种群的恢复措施主要有然恢复、种群恢复/替代、生境重建和强化、改进管理方法、生境保护和获取。1992 年 Exxon Valdez 号油轮溢油事故初级综合重建计划已阐述了一些恢复受溢油事故影响的哺乳动物种群的方法（Exxon Valdez 号油轮溢油事故处理理事会，1992a，b）。这些措施包括减少人类活动对海洋哺乳动物出行区域的干扰、控制捕猎特殊的海洋和陆地哺乳动物、消除被掠食动物带来的延续性油污染。Cairns、Buikema（1984）阐述了一些恢复受溢油事故影响的海洋哺乳动物的措施，建议如果不能完全恢复溢油事故发生区域的哺乳动物种群，则可以在重建生境中或一个替代区域中开展种群恢复工作。国际动物交流公司（1992）阐述了各种野生动物的引种可行性，其中包括一些海洋哺乳动物。

一、自然恢复

自然恢复监控通常是技术可行的。

二、种群恢复/替代

已对野生动物种群恢复/替代这一重建措施的有效性进行了讨论。表 8-5 大致估计了目前可用于种群重建的圈养哺乳动物的数量。

表 8-5　用于种群重建的圈养哺乳动物

科	种	数量	科	种	数量
仓鼠科	麝鼠	0		Gill 宽吻海豚	0
海豚科	虎鲸	0		宽吻海豚	10
	伪虎鲸	0		太平洋鼠海豚	0
	北鲸豚	0	鼬科	北部海獭	10
	鞍背海豚	0		南部海獭	0
	普通海豚	0	海狮科	髯海豹	0
	灰海豚	0		灰海豹	20
	白腰斑纹海豚	0		斑海豹	40
	太平洋白腰斑纹海豚	0		北象海豹	0

即便没有受到不利影响，仍有少数野生动物死亡。哺乳动物的死亡率为 2%～4%（Hunt，1993）。

三、生境重建和强化

虽然可以考虑提供或改善适当的区域，以促进哺乳动物再繁殖或喂养哺乳动物，但目前没有文献记载这一措施的具体实施方案。一般的生境强化措施均有利于促进哺乳动物种群的恢复。

第六节　红树林恢复措施有效性

与盐碱滩相比，红树林栖息地的研究开展较少，研究范围主要集中于溢油事故发生后红树林湿地的恢复和重建。大多数已出版的报告主要阐述溢油事故对红树林树木的严重影响（Rutzler、Sterrer，1970）。红树林栖息地慢性油泄漏的影响研究及恢复措施开展最为深入的是巴拿马 Refineria 溢油事故。

一、红树林溢油事故有效性案例分析

1. Tarut 海湾溢油事故

1970 年 4 月，沙特阿拉伯 Tarut 海湾附近发生了一起管道爆炸事故。码头拦住了一些油污，但仍有 10 万桶阿拉伯轻原油泄漏在 Tarut 浅海湾（Spooner，1970）。事故发生后，立即开展了恢复工作：海湾里的浮油使用油分散剂 Corexit 7664 进行分散；堤道上积累的油污联合采用油槽车、撇油器和抽吸软管进行清除；扩散在水体中的油污可通过潮汐冲洗的方式逐步清除。此外，还在事故发生 1 周后和 3 个月后分别对事故影响进行定性观察。事故导致了一些底栖动物立即死亡，但是有一些生物存活下来了。在矮红树林（白骨壤红树林群落）中，一些树叶已附着上油污，但地下土的油污染不是很严重。3 个月后，一些红树林的叶子已全部凋落，但许多红树林存活下来了，并开花结果。Spooner（1970）总结出，3 个月后，红树林和相关的动物没有显示出明显的受损迹象。

2. Zoe Colocotroni 溢油事故

1973 年 3 月，利比里亚 Zoe Colocotroni 号油轮在波多黎各拉帕尔格拉（La Parguera）海滨搁浅。为了抢救搁浅的油轮，大约 4 500 t 原油被排入海中。在风力作用下，60%的原油被吹到位于波多黎各西南部的 Bahia Sucia 湾，对当地许多海洋栖息地造成了严重影响，包括美国红树和海榄雌湿地（Gilfillan 等，1981；Nadeau、Bergquist，1977）。

溢油事故发生 5 年后，Gilfillan 等（1981）于 1978 年 11 月在溢油区域和未受油污染的参照地进行取样。为了检验 3 种亚栖息地（美国红树边缘、海榄雌区域、盐碱环礁湖）的受污染情况，他们在油污区域截取了 11 个横切面，在未受油污染区域截取了 5 个横切面，并在每个横切面的中心部位采集底栖动物群落的标本。该报告结果是定性的，也没有进行统计分析。总体而言，事故发生 5 年后，附着在红树林支柱根上的生物群落已完全恢复。在海榄雌区域，油污区域中长度大于 1 mm 的底栖有机生物数量比参照地中的数量多。在红树林栖息地中，油污区域中长度大于 1 mm 的底栖有机生物数量较少，反映出红树林对油污较为敏感。在盐碱环礁湖中，油污区域中长度大于 1 mm 的底栖有机生物数量较多。

Corredor 等人（1990）指出，尽管释放到热带海域中的大部分石油降解速度很快，但是污染物一旦附着在潮间沉积物上，降解速度将会降低，存在时间将会持续许多年。在溢油事故发生 13 年后的 1990 年，他们在溢油事故发生地的潮间带采集了沉积物横切面，并观察了横切面中心部位的离散石油烃在水面下不同层上的分布情况。最上层的石油烃含量远高于 200 mg/g，可能是来源于 1977 年的 Zoe Colocotroni 溢油事故。更深层的石油烃浓度较低，可能与 1962 年的 Argea Prima 溢油事故有关。在这两层之上、之间和之下的沉积物层，典型生物碳氢化合物的浓度较低。

3. Garbis 溢油事故

1975 年 7 月，Garbis 油轮在佛罗里达海流的西部边缘区域发生事故，导致 1 500～3 000 桶油水混合乳化原油泄漏。盛行的东向风将油污吹向佛罗里达群岛的岸边，油污带从 Boca Chica 延伸至 Little Pine 群岛，长达 30 英里。但未见报道已对此溢油事故采取任何恢复措施（Chan，1977）。

在事故发生后的 1 年内，Chan（1977）比较了两个油污区域和一个未受油污污染的参照地的底栖无脊椎动物数量，但没有计算基本的描述统计量，也没有开展包括假设检验在内的统计分析。她观察到，在许多红树林边缘区域，潮间无脊椎动物快速死亡。溢油事故发生后，螃蟹（招潮蟹）立即移居至未受油污污染的栖息地中。溢油事故发生 4 周后，当红树林根部的油污变得黏稠后，蛇（*Melalampus* sp.）才向爬离红树林根部。美国红树 50%

的树叶被油污污染后，则会导致美国红树死亡；当 50%的繁殖体被油污覆盖后，美国红树的繁殖体将会在 2 个月内死亡。海榄雌 50%的呼吸根被油污覆盖后，则会导致海榄雌死亡。稀薄的油膜会留下化学烧伤的痕迹，被油污污染的种子的发芽率将会降低 30%。在红树林湿地/Batis 湿地生境中，生活在油污污染非常严重的区域内的所有海底生物，均会快速死亡。当 Batis 和盐角草的叶子、茎干或地下土被油污覆盖时，会导致 Batis 和盐角草死亡。溢油事故发生 6 个月后，在油污污染较轻的红树林区域，各项生长指标均显示正常。但小树苗和矮株红树林较易遭受永久性的损害，它们的叶子、根部和茎干多表现出畸形的症状。

4. 巴拿马 Refineria 溢油事故

1986 年 4 月 27 日，一个储油罐在巴拿马加勒比海沿岸的德士吉（Texaco）Refineria Panama 石油出口区破裂，大约 24 万桶中重原油泄漏入 Cativa 湾。大部分原油被围油栏拦截了 6 天，然后由撇乳器和岸上的汽车泵清除。5 月 3 日，飞机向浮油喷洒了 2.1 万 L 的 Corexit 9 527 分散剂。但由于分散剂是在事故发生了 1 个星期后才喷洒，原油已风化，且喷洒时海平面非常平静，因此分散剂的喷洒被认为是无效的。5 月 4 日，一场暴风雨催坏了围油栏，大约 15 万桶原油泄漏入大西洋。在风、潮汐、暴雨径流的作用下，油污被冲至无防护设施的海岸上。一部分油污被冲回 Cativa 湾，另一部分油污被冲入附近的生长着红树林的海湾中。至 5 月 15 日，油污沿海岸带延伸，横掠边缘地带的礁石，进入红树林以及炼油厂方圆 10 km 内的小河口中。为了排出油污，挖掘了一些通往红树林的通道，但是似乎加快了油污向岸边扩散。工人们在挖掘通道时所产生的机械破坏，也加快了随后的侵蚀速度。

共计 82 km 的海岸带（11 km 直线距离）受到油污污染，但污染程度有所不同。约 75 hm^2 的红树林，主要是美国红树，在此次溢油事故中死亡。据报道，牡蛎和寄居在红树林根部的无脊椎动物大量死亡（Cubit 等，1987；Jackson 等，1989；Teas 等，1989a，1989b；Keller、Jackson，1991）。事故发生后的 4 年间，在 Bahia Les Minas 还不时能看到浮油。浮油似乎主要来自海岸边缘的受污染的红树林。当死亡的美国红树逐渐腐朽，木质结构逐渐消失，与美国红树相连的已受污染的沉积物开始被侵蚀，进而释放出被截留的油污（Keller、Jackson，1991）。

溢油事故发生地距 Smithsonian 热带研究所很近，与 1968 年 Witwater 溢油事故发生在同一区域内。已收集到在事故发生前关于生物分布和丰度的数据。1986—1992 年，对事故发生地的红树林生境进行了监测，共设置了开阔海岸、礁湖和河流 3 种生境类型的已受污染和未受污染的 26 个研究点，并同时开展航空调查和地面断面调查。监测的重点是大部分已受到溢油事故严重污染的美国红树，并根据树种、树高、胸径和单株间距对红树林进行标识，测定了红树林的初级生产力、树苗种群特征、树苗生长量和补充量等参数，还测量了移植试验中的树苗生长量。树苗生长量的测定是通过列数垂直树干上的节点（叶痕）而得到。此次监测计算了所有参数的基本描述性统计量，并进行了显著性检验。Keller、Jackson（1991）对长期监测的初步结果进行了报道。事故发生 3 年后，在受污染的生境和未受污染的生境中，叶产量和林冠净生产力在统计学上已不存在明显的差别。

在此次事故中，成熟树木死亡时许多的树苗却能存活下来，说明成熟红树林是由于窒息而死亡，而不是因为遭受油污的毒性而死亡。显然，红树林的形态（缺少支柱根）决定了树苗即使浸泡在油污中，也能存活下来。Keller、Jackson（1991）指出，除了直接死亡，油污还改变了红树林生境的物理结构。树叶的凋落，减轻了红树林枝干的重量。在一些情况下，红树林的枝干向上弯曲，根部离开水面，虽然生长在根部的生物已在油污中存活下来，但却因干燥或热应力而最终死亡。Keller、Jackson（1991）报道，事故发生后生长更新的树苗足以恢复受油污影响的红树林。事故发生 3 年后，对树苗的团状生长量进行了测量，有些是自然更新，有些是人工栽培。Garrity 等（1993a，1993b）指出，在事故发生 5 年后，美国红树林海岸的总长度明显缩短。在红树林存活或更新的区域中，生物群系的主要栖息地—被淹没的呼吸根数量明显减少，呼吸根在水中的延伸深度也比事故发生前的延伸深度浅。1986—1991 年，捕获的牡蛎和蚌类的组织水平中含有较高的烃类残余物，但牡蛎和蚌类的数量有所减少。

　　Keller、Jackson（1991）还报道了该溢油事故对居住在红树林支柱根中的无脊椎动物的影响。溢油前的相关数据可以从 Smithsonian 热带研究所在 1981—1982 年开展的研究中获得。自 1986 年 8 月起，在溢油事故发生了 4 个月后的每一个季度中，分别对开阔海域前沿的红树林、沿航道和礁湖分布的红树林、沿咸水河道和人工沟渠分布的红树林这三种潮间生境的受污染和未受污染区域展开了定量调查测量。此次测量计算了所有参数的基本描述性统计量，并进行了显著性检验。在溢油事故发生后的 3 年中，油污已渗入红树林的沉积物中，并进一步附着在红树林的根部；在河流中油污的持续浓度最高，在开阔海岸上油污的浓度最低。在受污染的开阔海岸、航道和河流中，红树林根系的死亡率分别为 31%、71% 和 58%；在未受污染的开阔海岸、航道和河流中，红树林根系的死亡率分别为 2%、2% 和 4%。事故发生 3 年后，油污的持久效应在开阔海岸栖息地中依然有所体现，地衣和叶状藻类是事故发生前红树林根部的优势种，3 年后根部的地衣和叶状藻类的数量大量减少。固着无脊椎动物的分布与油污的数量成负相关，但生活在潮间带高潮区的藤壶（*Chthamalus* sp.）除外。生活在航道和礁湖中的红树林根部的生物群落，在事故发生 3 年后，也显示出油污的持久影响效应。在事故发生前，该区域红树林的优势根部生物物种是可食用牡蛎（*Crassostrea rhizophorae*）和藤壶（*Balanus improvisus*）。事故发生后，尽管受油污污染的根部上牡蛎覆盖层的面积在逐渐扩大，但这些生物的数量仍大量减少，且基本没有更新的迹象。在排水水系生境中的红树林根部生物群落受溢油事故影响最为严重，该生境中的优势物种沙筛贝（*Mytilopsis sallei*）已完全消失，次优势种的附生生物也完全消失。事故发生 3 年后，红树林的根部系统持续不断的遭受再污染，并且蚌类或其他的海洋底上动物没有更新的迹象。

　　在事故发生后的 5 年，Garrity 等（1993b）对海浪冲刷的开阔海岸、航道和礁湖、内陆排水水系这 3 个生境中的美国红树林支柱根上的海底生物进行了持续监控和测量，监控和测量内容包括风化油污的扩散、溶解的和悬浮的石油烃的浓度、红树林根部区域、红树林根部生物群落的丰度，并评价了红树林的结构损坏程度，还开展了大量的统计分析。事故发生 5 年后，3 个生境中被淹没的红树林根部上的海底生物数量并未能完全恢复。红树林边缘的结构已发生重大改变，红树林海岸的长度大幅度缩短，被淹没的支柱根的密度和面积随之降低。

在事故发生后 6 个月内，初级风化可去除受油污污染的表面沉积物上易分解的石油成分（如正烷烃碳氢化合物）。但油污的总浓度仍较高，在事故发生后的第一个 4 年中，油污的最低浓度仍占表面沉积物干重的 20%。最大规模的油污再污染发生在 1989 年 2—8 月，这与死亡红树林的倒塌和砍伐有关，也与 Refineria Panama 公司重植红树林有关。Burns 等人（1993）提出，事故发生 5 年后，当监控计划结束时，油污的泄漏数量可能已经开始下降，因为红树林已经可以在油污地中生存下来，并长出根丛稳固基质。

相反，1986—1991 年，航道中和河流中的双壳贝类摄入了溶解在水中的原油，贝类体内的高浓度油污一直持续至事故发生 5 年后的 1991 年 5 月。5 年后，悬浮的油污浓度仍然很高，足以降低双壳贝类的生长速率和呼吸速率。牡蛎的原油持续摄入量约为蚌类的一半（Burns 等，1993）。Garrity 等（1993b）总结出，在慢性油污再污染效应、寄生物种受到损害、基质中被淹没的支柱根数量减少这一系列因素的影响下，红树林的生产力大幅下降。他们指出，红树林生产力的恢复是一个复杂且长期的过程，由油污污染引起的生产力下降将会一直持续，直到基质中被淹没的支柱根的数量恢复至溢油事故发生前的水平，红树林的生产力才会得以恢复。

二、油污红树林的实验研究

Teas 等（1989a，1989b，1991）尝试了在一个曾经发生过溢油事故的环境中种植红树林繁殖体的多种方法，该区域的土壤仍含有 1986 年 Texaco Refineria Panama 溢油事故的残余油污。他们的目标是寻找可以快速恢复红树林的技术。该研究的短期目标是确定受损红树林中含油污的土壤何时适合重新种植红树林。重植试验约开始于事故发生后的第 4 个月。在一年中，每隔 3 个月便对种植于含油污土壤中的繁殖体的存活率和生产力进行测量，并进行统计分析。在溢油事故发生了 3 个月和 6 个月后种植的繁殖体均不能生长出根系，导致全部死亡。在溢油事故发生了 9 个月后种植的繁殖体，死亡率有所下降。种植 6 个月后，在油污点上种植的红树林，与在未受污染的土壤中种植的红树林相比，存活率已无明显差别。在油污点上挖洞，填入未受污染的土壤，然后种上红树林的繁殖体，在此环境下，红树林的生长速度远快于种植在填着被污染的土壤的洞穴中的红树林。种植在被污染的土壤中的红树林树苗，与繁殖体相比，敏感性稍弱（Teas 等，1989a）。将树苗根部包上旱地土壤，裹上塑料泡沫以隔离油污，直接种植在挖出的洞里，在此环境中生长的红树林，与直接种植在含油污的旱地土壤上、裹着其他类型的塑料衬套的红树林相比，或与种植在加入了分散剂的旱地土壤中的红树林相比，显示出更为良好的生长状况（Teas 等，1989b）。

在事故发生了 28 个月后，在圆筒旱地土壤中种植繁殖体，比直接在被污染的红树林土壤中种植繁殖体，更有助于树苗的生长。受污染的土壤既不含毒性，也不缺少营养，但它黏稠，含泥炭，不适合生长旺盛的红海榄生长（Teas 等，1991）。

在溢油事故发生了 12 个月后，开始在室外受污染的区域中种植苗木和繁殖体。Teas 等人（1989a）总结出，除了支柱根（成熟植株具有的一项功能）的数量、苗木和繁殖体的生长速度有所差异外，苗木和繁殖体没有显现出其他方面的差异，因此并不需要采用苗木来重植红树林。在溢油事故发生后，开始在巴拿马油污区域内大规模种植红树林，在当地的砂土中挖出了很多小坑，共种植了大约 4.2 万棵苗木和 4.4 万株繁殖体，并施以缓效肥料。最初，树间距为 60 cm，后来变成 1~2 m。Teas 等（1989a）报道，8~10 个月后，90%的苗木和繁殖体均存活下来，但未见报道长期的观测数据。尽管 Odum 等（1975）认为红树林需要 20 年才能长成成树林，但没有人对红树林的恢复时间进行估测。Levings 等（1993）指出，死亡红树林的砍伐、踩踏，尤其是 Refineria Panama 在重植红树林过程中的挖土工作扰乱了含饱和油污的沉积物。基于种植的繁殖体或幼树的数目、据报道的挖掘的坑数，Levings 等（1993）估计，至少挖掘了 340 m² 被污染的沉积物，这些沉积物被搁置在红树林的表面，红树林的再污染程度进一步加剧。埋在沉积物中已死亡的根系起到了油管的作用，将深层沉积物与表面连接起来。在风力和水流的作用下，死亡的和被砍伐的树木在漂浮过程中撞倒了树苗和幼树（S.C. Levings）。

三、受油污污染的红树林的建议恢复措施

相应的响应和恢复措施依据红树林受污染等级而定，主要取决于油污是否渗透入基质、是否附着在基质上、是否可收回，植被是否受到污染、是否死亡等。

尽管缺少红树林恢复案例的详细阐述，但很显然，红树林的油污清扫工作可能会引起比油污的直接影响更大的损害。一致认为，当尝试清除红树林中的油污时，应避免使用如蒸气清洁、喷砂处理、高压冲洗等技术和需要使用重型机械的方法，包括挖掘沟渠（Johnson、Pastorak，1985；Levings 等，1993）。

因此，在开放式的红树林中，红树林的自然恢复是最好的恢复策略，让海浪和潮汐将油污自然冲洗干净。在受保护的红树林中，也建议采取自然恢复的方法（Getter 等，1981）。如果必须清除油污，以防止二次污染，如果油污还未渗透入基质中，可以从船上对油污进行低压冲洗。如果一段时间后，种子和繁殖体无法根植，进而导致红树林无法自然恢复，则应该考虑重新种植红树林。

第七节　珊瑚礁恢复措施有效性

一、现有文献综述

珊瑚礁构成了丰富的，非常复杂，多样，多产的生物组合，常见于热带和亚热带沿海地区。在 Jaap 的文献里描述了佛罗里达州南部的珊瑚礁生态系统的生态学特性、生长环境、群落组成和管理方式（1984）。

Maragos（1992）和 Woodley、Clark（1989）回顾了多种引起珊瑚损害的原因和珊瑚恢复的方法。Woodley、Clark（1989）将一些恢复方式进行分类，被动恢复，是指各种影响恢复减轻因素中的一种允许暗礁自然恢复；主动恢复，其中各种补充暗礁群落的生物体控制了恢复价值的加快速度。恢复有价值是指珊瑚覆盖或暗礁鱼类的增加或那些与珊瑚竞争生长的自由生长藻类的减少。

最明显和主要的关于暗礁损坏和恢复的量度标准是珊瑚的覆盖程度。通过清理现有水面和提供珊瑚可以在那里生长的新水面可以增加珊瑚覆盖。Maragos（1992）罗列了各种

技术方法，都是为了达到这个目的，包括人工鱼礁建设、护坡，或防浪堤，或减少礁坪石洞——在平面礁坪中加入立体的。上述的每种方法都为珊瑚生长提供了场所，表面的裂缝也为新的珊瑚生长提供了生长环境。

在溢油损害过的地方，这种表面很可能就已经存在了。如果损害十分严重以至于自然恢复很缓慢，那么移植可能是恰当的恢复。这是一项很不成熟的技术。需要时间，但被人们所期待。Maragos（1974）将移植的珊瑚碎片和绝热的金属丝一起附在铁框上面，与珊瑚自然定殖在人工生长表面的生长进行对比。这项短期研究（18 个月）的结果被融合起来。一般来讲，大量的移植样本比少量的移植更成功。Maragos（1974）也研究了同样地区的自然恢复。他推断在可能发生自然定殖的情况下（靠近充足的好幼虫或靠近有充实的活珊瑚的地方）不建议使用移植手段，因为他只能把恢复时间缩短几年。遭受破坏性飓风损害的珊瑚礁恢复非常快，以至于 5 年之后根本无法发现以前的损害。大部分留下来的没有被飓风掩埋的碎片保留了活珊瑚，这样有效的分裂增加了生长中心的数量。组成这种暗礁的大部分是鹿角珊瑚，这种珊瑚是生长很迅速的物种。这个例子支持了 Maragos 的在原始资料已经存在的条件下不采用移植的观测结果。并没有足够的证据证明 Shinn 的被讨论的礁石完全恢复的研究。几乎没有任何报道在珊瑚多样性和其他物种组成礁石的一部分上。由于高频率的暴风雨损害，礁石在 Shinn 的研究中并没有达到一定的复杂程度。Griggs、Maragos（1974）观测到暴露地区的珊瑚礁在演替的初级阶段不断被破坏，然而被保护地区的珊瑚却得到充分生长。Pearson（1981）也观测到礁石将会局部的适应暴风雨的周期。

Hudson、Diaz（1988）在专业的船舶接地装置上演示了珊瑚移植的矿场试验。水下接合剂用于将珊瑚（坚硬的和柔软的珊瑚）移植在培养基上，也用于再次附上大块的珊瑚，修补下层暗礁结构的裂缝。虽然在一场暴风雨后柔软的珊瑚会有大量的损失，而所有的坚硬珊瑚在 4 年之后仍然生存着。

Gittings、Bright（1990）同样研究了 the M/V Wellwood 接地装置对珊瑚礁的损害，在接下来的 5 年中也做了自然重建。他们发现恢复是由移植在双亲附近的珊瑚幼虫种类决定的。这种特点在小而且很多的珊瑚种类中很典型。他们推断移植有助于大量的大块珊瑚重建。典型的是，大珊瑚把它们的配偶子撒播到水里受精。这些种类的补充更多地依靠偶然机会，它们的增长缓慢。他们认为有计划的移植项目应该考虑给补充珊瑚种类一个可行策略。移植大块珊瑚额外的好处是它们加入了环境模式，加速了依赖裂缝和生长面生长或以此为习惯生长的其他物种（鱼类和无脊椎类）的重建（Gittings、Bright，1990）。

其他增加珊瑚数量地方法是减少死亡率控制疾病或者控制以它为食的生物数量（Woodley、Clark，1989）。这项技术仍然在实验阶段。一种相似的未经尝试过但很可行的促进珊瑚生长的方法是控制大型藻类生长，这些藻类与珊瑚争夺生长所需要的光和空间。可以用物理切除的方法或增加以它们为食的生物达到目的。

为加快重建珊瑚礁，其他组成珊瑚礁群落的物种，特别是无脊椎类和鱼类也需要增加。海洋生物水产养殖和这些物种的放养作为将来可能的处理方法被提了出来（Maragos，1992），但这项技术仍然没有真正的发展起来。可以选择在缺乏的地区再植海草床和红树林树苗，这些通常可以占用或成为邻近有很多暗礁的礁坪边缘，用来提供替代暗礁聚居生命的生存环境。

二、珊瑚礁的恢复和重建：概述和结论

珊瑚礁受到广泛的损害后的重建需要很长的时间，而且人工的恢复方法非常昂贵，因此阻止溢油事件损害珊瑚礁是最优先考虑的。

如果在一些活珊瑚生长重要的地区发生了溢油后珊瑚死亡的情况，多数情况推荐自然重建。监控中应该认真评估是否特殊种群会在移植中遗漏。损害广泛存在的地方，基本上是 100%死亡率，应该考虑采取移植手段加速暗礁重建。这当然是从全局出发。例如，如果邻近的海草床受到损害，必须尽力恢复，最好还是确保沉积物的稳定性，提供可利用的有价值的生长环境。另外一个全局观点须涉及到移植的原资料。必须对要移植珊瑚礁的原生态系统进行恰当评估。系统中其他的植物和动物可能会依赖自然移植和重建。对于多数物种来说确定移植和留存恰当比例的技术还不存在。

移植仍然是一项相对较新的技术，应该使用小规模的试验来扩大关于这项技术的经验和减小它的局限性。Maragos（1992）指出我们需要做更多的工作，进行更多关于珊瑚、其他无脊椎动物和鱼类的移植技术和移植密度的研究实践。

第八节　恢复计划的制订

一、恢复措施应遵循的原则

海洋生态系统的恢复是一个自然过程，通过恢复，海洋生态系统的功能可以回到其初始状态或相似的结构状态，即使物种组成可能与初始状态时不一致。重建是指为了加快恢复或补救进程而设计的管理措施，是指尽力恢复溢油前的状态（或没有发生污染事故的情况下，生态系统的状态）、恢复遭受溢油事故损害和灭亡的种群而采取的措施，或替代或替换受损自然资源而采取的措施，或为遭受的损害提供积极的环境补偿而采取的措施。

恢复措施的合理应遵循以下原则：①恢复措施首先必须促进受损环境的自然恢复；②清除油污和其引起环境损害间经常要进行权衡，应选择环境损害小的措施；③恢复措施应具有生态可行性，实际应用中比较成熟的技术；④应遵循海洋生态和社会的可持续性标准。

通过确定一个由委员会组织的专家组组成的评定委员会和公众参与等方式，通过第七章的恢复措施的制定流程，编制恢复措施方案，可以将此恢复措施的方案交予公众讨论，确保恢复措施的合理性。

二、恢复措施

上述从技术可行性、科学优缺点（操作有效性和成功率）、成本可控制性等角度，对每一个生境和每一种自然资源的重建措施进行了评价。任何一项可行的重建措施都与自然恢复（即没有采取直接措施或初步措施）进行了对比性评价分析，也与其他可行的重建方案和措施进行了对比性评价分析。

恢复措施的框架具体见表 8-6。

表 8-6　重建措施框架

1. 自然恢复—监控	4. 替代
2. 直接重建	a. 生境
a. 生境直接重建	增加生境种类
污染物移除	创造新生境
改造	监控
植被重植	维护
加速受损自然资源退化	b. 资源
监控	改造
维护	植被重植
b. 资源直接恢复	加速受损自然资源退化
资源引进	监控
捕捞策略变更	维护
增加资源种类	c. 非生物服务
监控	娱乐性
维护	商业性
3. 生境复原	文化性
a. 生境	5. 等价资源获取
污染物移除	获取等价资源财产权
改造	等价资源保护或管理
植被重植	
加速受损自然资源退化	6. 以上措施的综合运用
监控	
维护	
b. 资源	
资源引进	
捕捞策略变更	
增加资源种类	
监控	
维护	

恢复措施的评估过程见图 8-1。

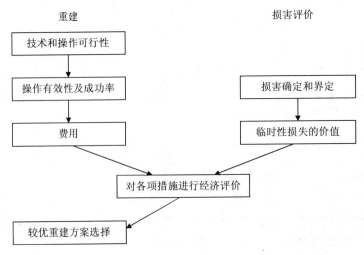

图 8-1　恢复措施制定流程

第九章 船舶溢油事故污染损害评估技术应用

第一节 《船舶溢油事故污染损害评估导则
——清污和预防措施费用》应用

一、课题成果的应用

长期以来，由于我国没有专门的船舶污染损害赔偿立法，污染损害赔偿中存在法律适用等一系列问题，导致在相当一段时间内，我国油污损害赔偿局面混乱，漫天要价和实际发生了损害却因缺乏充分证据而无法得到赔偿的局面同时存在。本书通过分析《索赔手册》和我国船舶油污损害赔偿，理清损害赔偿的合理范围，构建一套全面、合理、可行的溢油事故污染损害评估指标体系，并依照体系构建了较高实用性的评估表格体系，达到规范索赔内容，简化评估程序的目的；也为我国海上船舶溢油污染损害评估领域的进一步发展提供支撑。

《船舶溢油事故污染损害评估导则——清污和预防措施费用》及相关技术于 2009 年 4 月提交大连海事局进行实践应用。目前《船舶溢油事故污染损害评估导则——清污和预防措施费用》已经完成，达到了大连海事局的相关要求。大连海事局在目前的溢油事故的清污索赔中采用了该成果，使用效果良好。

①该课题成果是为了解决清污损害赔偿评估与索赔的矛盾，建立索赔方与赔偿方的联系纽带。通过大连海事局 1 年多的应用表明，该成果能够结合我国行政管理体系特点和经济赔偿的概念，实现了对溢油事故污染损害的评估程序化、快速化、合理化，实现了建立科学、合理、全面、可行的溢油事故污染损害评估系统的项目目标。

②在实际索赔过程中，数据和资料的采集整理没有形成标准化结构。这对进行清污数据的整理、清污费用有效性的判断等方面造成了许多麻烦。该成果通过建立损害评估表格，便于数据的标准化录入、数据的分析和共享。同时建立统一的损害评估表格，有利于规范索赔请求。也有利于海事等执法部门统一评判索赔合理性的尺度，提高效率。该成果的应用大大降低了大连海事局在赔偿方面的工作量。

③该成果解决了损害赔偿中赔偿标准化的问题。该成果中的清污指标体系反映了溢油事故污染损害评估的全部可以得到赔偿的内容，结合国内索赔实际情况，对指标的可行性进行充分考虑，避免不太相关或难以定量化的指标出现。并通过对指标删选合并，降低指标体系的复杂程度，便于索赔资料的整理和收集。总体来看，该成果中指标体系的指标设

立应符合我国的溢油损害赔偿的实际情况，对大连海事局的清污索赔工作提出了指导方向，降低了索赔工作的难度。并且完善的清污表格的使用，方便在事故前、事故中和事故后了赔偿资料的搜集和整理，提高了资料的及时性和可靠性，为下一步索赔工作的开展创造了条件。

二、实际成果

在大连海事局参与的清污索赔实践应用中取得如下具体成果：

3月1日，××轮在大连甘井子港附近因操作失误，发生 40 t 的溢油事故，大连海事局依法组织开展了应急清污行动，动用了围油栏、吸油材料、消油剂、油污废物处置，人工清除、高压冲洗等技术手段，历时 8 天，花费设备费、材料费、车辆使用费、人工费等共 150 万元。

在后续的清污费用索赔过程中，大连海事局利用国家科技支撑课题"水上溢油事故应急处理技术"研究成果《船舶溢油事故污染损害评估导则——清污和预防措施费用》及相关技术，对清污及预防措施费用进行了评估。通过整理填写"基本信息表、索赔申请表和索赔明细表"的有关内容，大大缩短所有索赔材料的整理时间，保证了索赔资料及相关数据的内容完整、数据统计完善且证据材料充分。目前应用该清污及预防措施费用索赔材料已被船东保险机构受理索赔。

本课题成果的应用，改变了过去溢油污染损害评估中索赔资料缺乏统一规定和要求，导致索赔人在索赔资料收集整理中耗费大量时间，最终却可能因提供证据不全，导致已经支出的清污费用没能获得赔偿，进而对清污公司造成巨大经济利益损失的被动局面。

一旦参加清污行动所支付费用不能得到补偿，将极大地挫伤清污公司继续从事清污工作的积极性，影响清污力量的再投入；且不能体现社会的公平性、公正性和合理性；海事局的保护海洋环境，促进航运发展的职责将难以履行。本课题成果的应用改变了这种被动局面，提高了清污索赔效率并可以减少了清污赔偿方面的纠纷，为我国清污力量的发展提供支持和保证。

第二节　溢油清污费用评估软件的应用

通过搜集整理"塔斯曼海"轮事故、"阿提哥"轮事故、"青油 3"轮事故和"EASTERN CHALLENGER"轮等事故油污清除与预防措施费用的索赔申报资料，将这些申报资料里面的费用明细进行分类整理，输入到评估软件中。通过评估表格和评估软件的应用，对塔斯曼海轮等已发生事故的油污清除与预防措施费用进行分析、总结和评估，验证评估表格指标和软件功能的合理性、软件稳定性。并通过对案例中发生的或申请的费用的研究，与本评估评估范围和费用指标进行比较，补充评估范围并完善评估费用指标内容。鉴于我国的地域差异以及清污行动的复杂性，未涉及清污行动的收费标准进行评估和限定。

一、软件功能的应用验证

1. 收费标准

目前，我国尚没有关于溢油应急行动和应急设备租用等收费的统一标准。不同地区、不同单位的收费标准也不可能做到一致。本软件不进行收费标准的推荐，所有的清污行动费用的由软件使用人员填写，软件只规定填写选项及量纲。

2. "塔斯曼海"轮事故油污清除与预防措施费用软件应用

以"塔斯曼海"轮事故油污清除与预防措施费用评估为例，来对软件进行应用和验证。

2002 年 11 月 23 日 04：08 时，满载原油的马耳他籍油轮"塔斯曼海"与装载煤炭的中国沿海船舶"顺凯 1"轮在天津港大沽灯塔东 23 海里处发生碰撞。"塔斯曼海"轮右舷 3 号舱破口，原油外泄约 200 t。11 月 23 日 04：50 时，天津市海上溢油应急中心接到报告后，立即启动天津海域溢油应急反应程序，成立应急指挥中心。应急指挥中心调遣天津海事局"海巡 051"轮赶赴现场负责清污现场指挥协调并勘察溢油情况，同时调集"滨海 284"、"滨海 285"轮赶赴现场搜救并布控围油栏，"津港轮 24"、"津供水 1 号"、"勘 401"和"烟救 16"轮负责现场清污工作。动用围油栏 2 000 m、撇油器 2 台、吸油毡 4 t、消油剂 800 余 kg。11 月 24 日，应急指挥中心派出直升机对海面油污跟踪定位，并评估清污效果。根据油污定位和效果评估，又增派 4 艘船舶对污染海域进行清污作业。11 月 26 日始，应急指挥中心协调社会力量投入清污行动。动用渔船和渔民，清除残余油污，监控事故现场，巡视周边滩涂。整个行动历时一周，比较圆满地完成了清污工作。

"塔斯曼海"轮事故油污清污行动是在天津海事局（应急指挥中心）的统一领导下进行的，清污行动费用索赔也是由海事局牵头进行申请。"塔斯曼海"轮事故清污行动参与单位较多，但提供的索赔申请资料格式较为统一，索赔范围和内容与本书差别不大。

（1）参与清污行动的单位和评估内容及费用

海安技术开发公司　围油栏使用费用为 4 000 元；人工费用总计 4 395.96 元；围油栏清洗费用 6 264.3 元，修理费用 6 000 元；船舶使用（海标 0501）总费用为 3 287.04 元；使用车辆 2 台，费用为 720 元。清污索赔总额总计 24 307.1 元。

天津港轮驳公司　清污应急小组费用 16 489 元，应急设备操作人员及船舶驾驶人员费用共计 34 777 元；船舶（津港拖 16、津港拖 24、津港消 1）使用费用为 790 560.46 元；车辆使用费用总计 34 000 元。清污索赔总额总计 1 802 911.52 元。

天津港南疆开发公司　清污人员费用 3 338.835 元；吸油毡和溢油分散剂共计 80 120 元；车辆使用费 266.89 元。共计 85 258.84 元。

天津海事局　人员费用共计 38 613 元；船舶使用费用为 34 800 元；自主评估费用总计 246 580 元。清污索赔总额总计 319 993 元。

天津中燃船舶燃料有限责任公司　清污人员费用 8 309.7 元；围油栏费用为 4 000 元；船舶使用费用包括船舶使用费用和邮费，共计 7 545.6 元；车辆使用费为 900 元。清污索赔总额总计 20 755.3 元。

渔船（清污索赔）　清污人员费用 359 000 元；一次性清污材料费元 1 854 000；捕捞损失费用 1 319 064 元。费用总额总计 3 532 064 元。

中海石油天津分公司 清污人员费用 118 260 元；请勿设备费用 75 200 元；清污设备的清理费用 1 300 元；消油剂使用费 530 400 元；船舶使用费 172 264.4 元；车辆使用费 1 800 元。除此以外，中海石油天津分公司列出的较为特殊的费用应急程序启动费：20 000 应急值班费：8 797.5 元管理费；码头服务、装卸费用 7 920 元；通讯费 655.5 元；安全职守费 1 500 元；燃油费为 188 665 元。费用总额总计 1 126 762 元。

（2）通过将这些数据进行分析，对软件进行分析和验证

通过分析发现人工费用、材料费用和船舶使用费用是清污总费用中的主体，对这三项费用的评估的进一步规范化是有必要的。对人员工作内容和设备的用途、人员和船舶的使用时间等对评估准确性有益的细节信息应该在软件中进行注释。

对于船舶费率经常出现两个算法：元/（马力·h）和元/（吨位·d）。SCOPIC（船东互保协会特别补偿条款）的 APPENDIXA 的第二条规定"5 000 马力以内的拖轮费率为 2 美元/（马力·d）、燃油单算"的说明。考虑到国内的使用习惯，将两种费率计算方式均设计在软件中。

对于中海石油天津分公司的应急程序启动费、安全职守费等费用，本软件中不存在该项内容。这些费用可通过一定比例的管理费用来实现。

（3）软件功能

本软件实现了对溢油和清污情况、溢油污染损害内容和索赔情况的软件申报功能，规范了海上清污和经济损失的索赔内容的申报、通过软件表格化，便于对调查内容的查询、比较及分析，便于对油污损害索赔的研究和损害赔偿统一标准的制定。

总体看来，本软件费用指标的设置与案例中绝大部分清污费用申请内容相协调一致，本软件能够反映清污过程中发生的基本费用内容，并能够实现对费用进行分解、整理和输出等功能。达到了软件设计和课题要求。图 9-1 为溢油事故和油污清污与预防措施费用索赔机构示意图。图 9-2 为评估内容填写示意图。

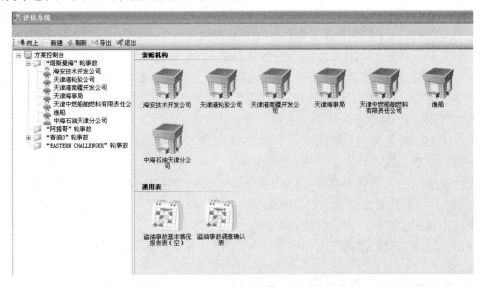

图 9-1 溢油事故和油污清除与预防措施费用索赔机构

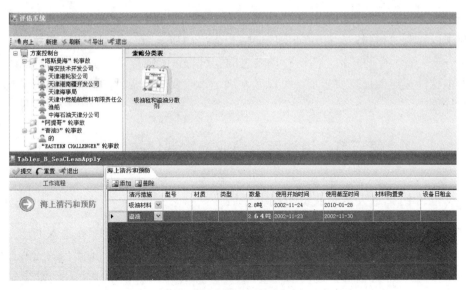

图 9-2　评估内容的填写

二、指导现场记录和证据搜集的应用验证

以专业清污公司航鹏环保服务有限公司（以下简称航鹏）在"12·7"珠江口海上溢油事故中的清污行动为例，来进行"软件指导现场记录和证据搜集"的应用验证。

1．事故概况

"12·7"珠江口海上溢油事故。2004 年 12 月 7 日晚，两外籍油轮在珠江口担杆岛东北约 8 海里处相撞，泄油量达 1 200 t，另外还在碰撞点以西 120 海里发现了一条长 600 m、宽 50 m 的油污带。12 月 7 日 23 时成立了由广东海事局、深圳海事局、南海救助局、广州打捞局、上海打捞局和广东省安监局组成的事故应急处置现场指挥领导小组。几天来，经过现场工作人员的艰苦奋战，清污工作取得了明显成效。至 12 月 10 日 17 时，共出动飞机 6 架次对溢油进行监控；出动各类清污船、渔船百余艘次，清污专业人员数百人，投入了收油机、消油剂、吸油毡、吸油拖栏等大批器材物资。

航鹏参与了清污行动并发挥了重要力量。清污行动后航鹏在广东省海事局的统一领导下提供了索赔材料，其中证据较为全面细致，有一定的代表性。本章对其证据搜集情况进行分析研究，以确定本软件是否能够满足指导证据搜集的要求。

2．软件成果的应用情况

在"12·7"珠江口海上溢油事故中，航鹏主要提供的证据和现场记录表 1 所示。对照软件中对证据的要求，得到如下结论：

第一，航鹏提供的资料较为全面、详实。在设备和材料的购买、入库、出库、送货、使用方面均提供了凭证。整个清污材料可以实现链条式跟踪和回查。

第二，但还存在以下问题：现场使用情况记录不足，没有人肇事船东或海事主管部门认可的文件；清污人员方面，应提供身份证号和保险号码，以确定清污人员身份；证据最好有图片和视频；对于设备和材料的使用地点和时间，应有详细的说明，最好配备海图显示位置。

第三，本软件的编制过程中对国内几起重大索赔案例中证据的选择进行了跟踪调查，故相对于以往索赔材料，软件对证据的要求较为严格和全面。软件对证据比较注重证据链的要求——从清污行动开始至清污行动结束的全过程为索赔提供证据搜集和整理。在索赔方达到本软件提出的证据要求后，可以基本满足索赔要求，又可以防止证据的遗漏，简化证据整理程序。

第三节　溢油污染渔业损害评估技术应用

一、溢油污染对天然渔业资源损害评估

2006 年 4 月 22 日 15 时 45 分左右，韩国籍现代独立轮集装箱船在进入浙江万邦永跃船舶修造有限公司船坞修理时，与船坞发生碰撞，造成油箱破损，油箱内约 390 t 重油在船坞口泄漏进入舟山沿岸渔场。溢油造成舟山本岛的南部海域大面积污染，这里是多种经济鱼、虾、蟹类的索饵区、产卵场以及洄游通道，岛礁鱼类的栖息地，也是舟山渔场的重要张网作业区。事故发生在鱼、虾、蟹的产卵季节，由此导致天然渔业资源蒙受重大损失。此处以该海洋溢油事故为例，探讨海洋溢油事故对天然渔业资源损害的评估指标和方法，从生物资源增殖的角度，评估恢复天然渔业资源的总费用。

1. 材料与方法

2006 年 "4·22" 溢油事故发生后，浙江省海洋水产研究所于 4 月 24 日对事故海域的西侧布设 7 个站点进行了石油类的监测，由宁波市海洋环境监测中心按《海洋监测规范》GB 17378.4—2007 分析，油污染水平按《海水水质标准》（GB 3097—1997）评价。2006 年 5 月 23 日浙江省海洋水产研究所与东海水产研究所对事故海域布设 8 个点进行鱼卵仔鱼采样、分析，同时对登步岛、桃花两岛选择两条断面进行潮间带底栖动物的调查（见图 9-3）。

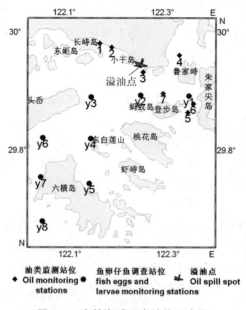

图 9-3　事故海域调查站位示意图

为了解溢油油品的毒性，以该油品对海蜇水螅体和牙鲆仔鱼进行了 24 小时急性毒性试验，急性毒性试验方法按《海洋监测规范》GB 17378.7—1998 进行。各种类设 5 个浓度组、1 个对照组，设两个平行样，急性毒性试验条件列于表 9-1。

表 9-1 柴油（IFO500）对海洋生物急性毒性试验条件

种类	规格/mm	水温/℃	盐度	DO/（mg/L）	pH
海蜇水螅体	6～8	18.2～20.0	21.5	7.6	7.98
牙鲆仔鱼	6～12	18.2～20.3	21.5	7.8	7.98

同时收集了东海水产研究所在 2005 年 5 月在附近水域获取的鱼卵仔鱼数据（站位分布见图 9-4）和 2005 年 4 月张网调查获取的游泳生物的数据，以及 2003—2005 年舟山市普陀区海洋捕捞生产统计数据，作为溢油事故发生前的本底资料。

根据溢油扩散范围、溢油油品对海洋生物的毒性效应值和该海域天然渔业资源的密度，评估对天然渔业资源造成损害数量，结合已实施的渔业资源人工增殖放流的结果，估算恢复事故海域的渔业资源所需的费用。

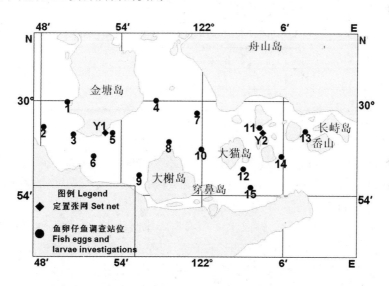

图 9-4 2005 年 5 月事故附近海域渔业资源调查站位示意图

2. 现状调查结果与分析

（1）事故海域油类含量分布

7 个采样点的油类含量分析结果列于表 9-2，从表 9-2 可以看到，监测海域表层（0.5 m）水体中油类含量分布范围为 0.365 7～984.400 mg/L，平均含量 151.478 mg/L，其中 2 号站最高，超Ⅳ类海水标准 1 968 倍（0.5 mg/L），4 号站最低，也超Ⅲ类海水标准（0.3 mg/L）；平均超Ⅳ类海水标准 302 倍。

表 9-2　事故海域油类监测结果

站号	采样时间	层次/m	含量/（mg/L）
1	4.24，0905	0.5	0.464
2	4.24，0914	0.5	984.400
3	4.24，0945	0.5	43.700
4	4.24，1005	0.5	0.365
5	4.24，1035	0.5	0.956
6	4.24，1055	0.5	29.324
7	4.24，1132	0.5	1.140

（2）溢油油品对海洋生物的急性毒性效应

本次污染水域的油品为 IFO 500 柴油，以该油品对海蜇水螅体和牙鲆仔鱼进行了急性毒性效应试验。试验结果列于表 9-3，结果表明该油品对海蜇水螅体的 24 h-LC50 值为 3.5 mg/L，对牙鲆仔鱼的 24 h-LC$_{50}$ 值为 2.0 mg/L。可见，该油品对仔、幼鱼有较大的毒性。

表 9-3　柴油（IFO500）对海洋生物急性毒性效应

种类	24 h-LC$_{50}$/（mg/L）	95%置信区间/（mg/L）
海蜇水螅体	3.50	2.80～4.30
牙鲆仔鱼	2.00	1.90～2.90

（3）鱼卵仔鱼数量分布

2006 年 5 月 23—24 日对事故海域设 8 个点进行鱼卵仔鱼采样、分析。分析结果表明事故海域仅在 7 号站采集到仔鱼 1 尾（矛尾鰕虎鱼），未采集到鱼卵。因此整个调查区域鱼卵平均数量为 0.001 ind/m^2，仔鱼平均数量为 0.63 ind/m^2。

2005 年 5 月 28—31 日，东海水产研究所在事故附近（29°54.534′～29°59.289′N；121°48.738′～122°7.756′E）进行了鱼卵、仔鱼的调查，共设 15 个调查站，共采集到的鱼卵、仔鱼标本属 3 目 6 科 7 种，其中鲱形目鉴定出 2 科 2 种（鳀和斑鰶），鲻形目鉴定出 2 科 3 种（梭、棱梭和油鉮），鲈形目鉴定出 2 科 2 种（银鲳和发光鲷）。获得事故附近海域鱼卵平均分布密度为 0.67 ind/m^2，仔鱼平均分布密度为 12.33 ind/m^2。

（4）游泳生物资源种类组成、数量分布

2006 年 4 月 22 日溢油事故发生后，事故海域的张网网具受到严重污染，无法对事故海域进行张网调查。根据 2005 年 4 月 15—25 日东海水产研究所张网调查结果，事故海域主要渔获鱼种有梅童鱼、鲳鱼、舌鳎、龙头鱼、黄鲫、小黄鱼、带鱼、鮸鱼、刀鲚、鲥鱼、鲻鱼、花鲈、中华海鲇、海鳗、鰕虎鱼和日本鳗鲡 16 种；虾类主要有中国毛虾、安氏白虾、脊尾白虾、葛氏长臂虾、口虾蛄 5 种；蟹类主要有三疣梭子蟹等 3 种。张网现场获得平均每公斤尾数为 86.33 尾，渔获物尾数中，鱼类占 17.42%、虾类占 80.66%、蟹类占 1.92%。平均幼体比例占渔获尾数的 61.64%

（5）潮间带生物

事故海域的潮间带生物主要以岩相生物为主。溢油事故发生后，油污在潮流的作用下，黏在附近的岩礁上，导致岩相生物受到严重的污染。2006 年 5 月对登步、桃花的岩相生物的调查结果显示，登步峧义岛南端岩相的高潮区主要有粒结节滨螺，短滨螺；中潮区主要有齿纹蜒螺、疣荔枝螺、单齿螺、史氏背尖贝、鳞笠藤壶以及纵条肌海葵。桃花岛前厂村东岩的高潮区主要有粒结节滨螺、短滨螺；中潮区主要有单齿螺、齿纹蜒螺、疣荔枝螺、史氏背尖贝、嫁蟏、红条毛肤石鳖、锈凹螺、鳞笠藤壶。登步岩相生物平均栖息密度 1 148 ind/m^2，平均生物量为 174 g/m^2。桃花岩相生物平均栖息密度 1 344 ind/m^2，平均生物量为 261.6 g/m^2。登步、桃花岩相生物平均栖息密度 1 246 ind/m^2，平均生物量为 217.8 g/m^2。

（6）事故海域海洋捕捞生产状况

事故海域内从事海洋捕捞生产的主要有蚂蚁、虾峙、桃花镇、登步、佛渡和六横 6 个乡镇，主要作业方式张网、小机钓、鳗笼、蟹笼等。其中张网是最主要的作业方式。根据 2003—2005 年舟山市普陀区海洋捕捞生产统计，事故海域内 6 个乡镇 2003—2005 年张网捕捞平均年产量为 57 183 t。

3. 污染事故对天然渔业资源的损害分析与评估

（1）油污染对海洋生物的损害分析

石油不同组分中，低沸点的芳香族烃对一切生物具有毒性，而高沸点芳香烃具有长效毒性。据吴彰宽报道，胜利原油对对虾（*Penaeus orientalis*）各发育阶段影响的最低浓度分别是受精卵 56 mg/L，无节幼体 3.2 mg/L、蚤状幼体 0.1 mg/L、糠虾幼体 1.8 mg/L、仔虾 5.6 mg/L，其中蚤状幼体为最敏感的阶段。陈民山对胜利原油对海洋鱼类胚胎及仔鱼的毒性效应研究结果表明，原油可抑制胚胎的孵化，导致孵化仔鱼的发育畸形和大量死亡，对真鲷（*Pagrassonius major*）仔鱼和牙鲆（*Paralichthy olovaceus*）仔鱼的 96 h-LC$_{50}$ 值分别为 1.0 mg/L 和 1.6 mg/L。贾晓平等人研究结果表明 0 号柴油对 3 种仔虾、4 种仔鱼和 3 种贝类的 96-LC$_{50}$ 值范围分别为 0.17～0.95 mg/L、0.28～3.47 mg/L 和 1.41～6.46 mg/L。

该次污染水域的油品为 IFO 500 燃油，该油品对海蜇水螅体和牙鲆仔鱼急性毒性效应试验结果表明该油品对海蜇水螅体的 24 h-LC$_{50}$ 值为 3.5 mg/L，对牙鲆仔鱼（0.8～1.2 cm）的 24 h-LC$_{50}$ 值为 2.0 mg/L，表明该油品对仔、幼鱼有较大的毒性。渔业水质标准（GB 11607—89）规定：为保证鱼、虾、贝、藻类正常生长，水体中的油类浓度不得超过 0.05 mg/L，因此油类浓度超过 0.05 mg/L 的水域中水生生物已受到影响。油类对不同生物的毒性效应不同，一般而言，在油膜覆盖的水域内，油含量超过水生生物致死的临界值。

根据 2006 年 4 月 24 日现场监测结果，推算油类含量超过 0.3 mg/L 扩散范围在 300 km^2 以上。参考油污染对海洋生物的影响分析结果，"4·22"事故造成渔业受到严重影响的海域范围在 100 km^2（≥5.0 mg/L）以上。在该范围内，鱼卵、仔鱼因高浓度的油含量而全部死亡，幼鱼具有一定的游泳能力，死亡率估计占 50%，成鱼绝大部分可以回避。油污在潮流作用下，黏附在岛礁、岸滩，使潮间带底栖动物受到严重污染而导致死亡或失去实用价值。

（2）对天然渔业资源损害的评估

根据该次油污染的特点，天然渔业资源量包括鱼卵、仔鱼和游泳生物、岛礁潮间带底栖动物 3 个部分。

鱼卵、仔鱼　将该海域 2005 年 5 月调查的鱼卵、仔鱼平均数量作为事故发生前的本底值，减去事故发生后鱼卵、仔鱼出现的平均数量，得到鱼卵、仔鱼平均数量分别为 0.67 ind/m²，仔鱼平均数量为 11.70 ind/m²，作为影响评估的基础数据。"4·22"事故对渔业资源造成严重损害的范围在 100 km² 以上。鱼卵、仔鱼营浮游性生活，分布于近表层。分析评估认为在 100 km² 范围内鱼卵、仔鱼因高浓度的油污染而全部致死。由此推算得出本次油污染事故造成鱼卵和仔鱼的总损失量分别为 6 700 万个和 117 000 万尾。

游泳生物　根据《渔业污染事故渔业损失计算方法》（GB/T 21678—2008），渔业资源量的确定采用生产统计法，以近 3 年的平均捕捞产量÷资源开发率（开发率视当地捕捞强度和种群自生能力而定）。本次污染事故海域内 6 个乡镇 2003—2005 年张网捕捞平均年产量为 57 183 t。该海域属捕捞强度较大，开发率取 0.60，获得本次污染水域的渔业资源量为 95 305 t。6 个乡镇张网捕捞水域的范围约 1 200 km²。由此获得污染水域单位渔业资源量为 79.421 t/km²。由于该区域主要由幼鱼组成，因此根据 2005 年 4 月中下旬在该海域张网调查渔获尾数（86.3 ind/m²）和鱼、虾、蟹类百分比组成（分别为 17.42%、80.66% 和 1.92%），换算成事故海域单位渔业资源量鱼类尾数为 1 194 387 ind/m²，虾类尾数为 5 530 384 ind/m²，蟹类尾数为 131 643 ind/m²。在 100 km² 范围内，游泳生物中成鱼大部分可以回避，少量因来不及回避被污染致死或失去实用价值（这部分不予评估）。但幼鱼回避能力弱，大部分因高浓度的油污染而致死，以平均幼体比例占 61.64% 和 50% 致死率估算，鱼、虾和蟹类幼体总损失量分别为 3 681 万尾、17 045 万尾和 406 万尾。

岛礁潮间带底栖动物　据 1988—1989 年全国海岛资源综合调查数据，潮间带污染严重的蚂蚁、登步和桃花 3 个乡镇岩质岸线长度分别为 4 968 m、24 524 m 和 55 525 m。根据调查，蚂蚁、登步的岩质岸线 1/2 受污染，桃花的岩质岸线 1/3 受污染计算，合计的受污染岩质岸线为 32 754 m，垂向距离以 2 m 计，合计岩礁潮间带受油污染的面积 65 508 m²，岩礁潮间带底栖贝类正处于幼体释放期，油污染造成潮间带底栖贝类成、幼体部分死亡，部分虽没有死亡，但受到严重油污染，失去实用价值。因此以平均栖息密度为 1 246 ind/m² 计算，在该范围内的底栖动物全部受损估算，底栖动物总损失量为 8 162 万个。

4. 天然渔业资源恢复所需费用

渔业资源人工增殖放流是目前恢复天然渔业资源的一条重要途径。根据本次油污染事故对天然渔业资源幼体造成的实际损害情况，可采取对鱼、虾、蟹、贝进行人工增殖放流措施来加快恢复天然渔业资源。参照建设项目对海洋生物影响评价技术规程，按鱼卵损失量的 1% 进行放流，按仔鱼损失量的 5% 进行放流；根据鱼、虾、蟹增殖效果（1：5），按鱼、虾、蟹幼体损失量的 20% 进行放流，根据贝类增殖效果（1：3），按贝类损失量的 30% 进行放流。各分项的所需费用列于表 9-4，"4·22"溢油事故对事故海域渔业资源恢复直接所需总费用为 1 822 万元。

表 9-4　事故海域渔业资源恢复所需费用

项　目	损害数量/万尾	放流比例/%	单价/（元/尾）	合计/万元
鱼　卵	6 700	1	0.25	17
仔　鱼	117 000	5	0.25	1 462
鱼类幼体	3 681	20	0.25	184
虾类幼体	17 045	20	0.03	102
蟹类幼体	406	20	0.10	8
底栖贝类	8 162	30	0.02	49
合计				1 822

二、溢油污染对天然渔业资源恢复措施研究

1. 渔业水域生态环境修复研究现状

环境污染导致渔业水域生态功能明显退化，具体表现为水生生物群落结构发生变化。如曾是渤海最重要渔业种类的对虾、小黄鱼、带鱼资源已经严重衰退，而小型中上层鱼类成为渤海的优势种，导致渤海生物资源结构发生了变化；如东海传统的捕捞对象渔获物小型化、低龄化和性成熟提早的现象日趋严重，其中小黄鱼和带鱼年渔获量中均以补充群体和幼鱼为主。种类的交替、数量下降、渔获个体小型和低质化，严重地制约了渔业资源的可持续利用。生物多样性指数明显降低，生物物种减少；底栖生物生物量明显降低，如1998 年长江口区底栖生物生物量为 4.79 g/m^2，仅为 1982 年的 11.4%，近年进一步降至 1.00 g/m^2 以下，饵料基础严重衰退；经济鱼类等水产生物产量下降；水生野生物种、国家保护的水生生物急剧减少和消失。

从国内外的研究现状看，环境污染生物修复的研究与实践正在日益增长，如采用投加表面活性剂、投加高效降解石油微生物菌剂、投加氮、磷营养盐等方法，治理海面、海滩的油污染；使用生物积累和生物吸着，生物氧化和还原，甲基化和去甲基化、金属—有机络合和配位体衰减等生物修复方法对无机物进行固定、移动或转化，改变它们在环境中的迁移特性和形态，从而治理沉积物和水环境的无机污染；根据真菌的降解作用，对受多种有毒化学物污染的水体、土壤进行生物修复的新方法等。

生态修复技术是近年来伴随着环境污染和生态环境的大规模综合治理和技术的实施而发展的，我国的生态修复研究还刚刚起步。在近海石油污染生物降解技术研究方面，我国先后开展了"用长效肥料提高微生物分解海面油膜试验研究""海洋丝状真菌降解原油研究""海滩油污生物去除应用研究"等。这些研究工作为海上和海滩石油污染的生物防治技术开发奠定了良好的基础，已为石油降解优良菌株制剂和促进天然微生物降解石油的营养剂开发打开了应用大门。

在天然渔场环境修复方面，通过设置人工鱼礁，对改善与修复海域生态环境，养护并恢复渔业资源产生明显效益。通过对滩涂、导堤移植放流贝类等底栖动物的生态修复措施，促进底栖生物的繁殖与生长，形成以附着型贝类为主的河口导堤型底栖动物群落。通过对天然渔业水域放流鱼、虾、贝、海蜇等多品种苗种，增加海域的幼体数量，促进海域渔业

资源的增殖。

2. 长江口、杭州湾海域渔业资源恢复措施

（1）材料和方法

根据长江口、杭州湾海域渔业资源的分布特点，遵循生物多样性原则、物种相互作用原则、食物链网原则，选择本地的鱼、虾、蟹、贝、藻等多品种实施放流。2004—2006 年 3 年在长江口、杭州湾海域共计人工增殖放流海蜇、黑鲷、大黄鱼、日本对虾、三疣梭子蟹、锯缘青蟹青蛤、菲律宾蛤 8 个品种的苗种 31 481 万尾（万只），3 年各品种苗种的放流数量见表 9-5。

表 9-5　2004—2006 年长江口、杭州湾附近海域各品种增殖放流数量

单位：万尾、万只、万粒

年份	海蜇	日本对虾	大黄鱼	黑鲷	三疣梭子蟹	锯缘青蟹	菲律宾蛤	青蛤	合计
2004	2 066.0	1 339.1	254.280	36.436	354.636	40.992	—	—	4 091.5
2005	7 473.7	3 080	503.589	147.24	766.804 8	50.380	3 268	3 747	19 036.0
2006	5 389.0	2 009.55	444.359	43.936	454.706 9	—	—	12	8 353.6
合计	14 928.0	6 428.65	1 202.22	227.62	1 576.147	91.372	3 268	3 759	31 481

在大规模放流的同时，进行标志鱼种的放流。2004—2006 年共计放流标志鱼种 139 817 尾，3 年各品种放流标志鱼数量见表 9-6。在放流的标志鱼种中，分别采用荧光标记、金属线码标记法、标志枪挂牌法、传统的针线挂牌法和切鳍法，表 9-7 给出了各鱼种不同标志方法的标志数量。

表 9-6　2004—2006 年长江口、杭州湾附近海域标志鱼种放流数量　　单位：尾、只

年份	日本对虾	大黄鱼	黑鲷	三疣梭子蟹	合计
2004	4 000	20 476	12 883	—	37 359
2005	17 183	29 156	27 496	4 784	78 619
2006	10 496	10 027	3 316	—	23 839
合计	31 679	59 659	43 695	4 784	139 817

表 9-7　各鱼种不同标志方法的标志数量　　单位：尾、只

品种	标志枪挂牌	针线挂牌	金属线码标记	荧光标记	切鳍	合计
大黄鱼	10 027	1 310	6 165	42 157	—	59 659
黑鲷	3 316	3 775	14 651	21 953	—	43 695
日本对虾	—	31 679	—	—	—	31 679
三疣梭子蟹	—	4 437	272	—	75	4 784
合计	13 343	41 201	21 088	64 110	75	139 817
比例/%	9.54	29.47	15.08	45.85	0.05	100

放流区域选择长江口、杭州湾海域（121°48′～122°24′E，30°15′～30°48′N），分别确定各品种的放流位置（见图 9-5）。针对开放式海域同时对不同增殖放流种类进行定量效果

评估难度大的特点，本研究通过对增殖放流区实施海上定点监测调查（分 25 个拖网站、4 个张网调查站）、社会调查和标志鱼回收三种方式获取相关数据，采用现场调查与理论推算相结合方式分析放流后放流点附近海域放流种类的资源、渔获量变动情况、生长情况及死亡率情况，从生态效益、经济效益和社会效益 3 方面综合评估放流效果。

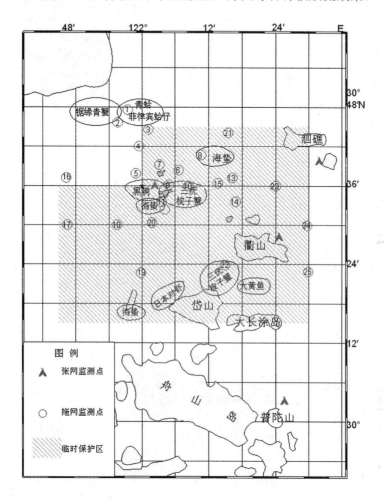

图 9-5　人工增殖放流区域分布

（2）结果与讨论

①放流种类资源量状况。

鱼类　2005 年 10 月在南韭山海域，大黄鱼资源密度指数分别为 41.59 g/h，2006 年 10 月资源密度指数为 43.16 g/h，资源密度指数呈上升趋势。南韭山水域渔获的大黄鱼平均体长 152 mm，平均体重 53.7 g，均为当年鱼。根据对朱家尖人工鱼礁区 2004 年至 2006 年 7—9 月黑鲷游钓调查，2004 年 1 个钓手平均每天手钓数量约 2 尾，平均 2005 年每天手钓数量约为 8 尾，2006 年每天手钓数量约 13 尾，平均体重 250 g。黑鲷手钓率从 2004—2006 年呈逐年上升趋势。

虾类　黄龙张网监测点 2005 年 10—12 月的日本对虾产量为 23 kg，2006 年 9—11 月的日本对虾产量为 165 kg，日本对虾产量成倍增加。

海蜇　2004—2006 年大洋山海域张网点海蜇日均网产分别为 85.7 kg、50 kg 和 52 kg。各年均比 2003 年（43 kg）有大幅度增加。

蟹类　2004—2006 年每年 5 月、8 月和 11 月 3 次桁拖网调查，各年平均三疣梭子蟹相对资源密度重量分别为 6.62 t/km^3、9.46 t/km^3 和 14.02 t/km^3，呈逐年上升趋势。2004 年 11 月调查水域中锯缘青蟹资源密度重量 0.889 t/km^3，资源密度尾数 0.107 万尾/km^3。2005 年平均分别为 0.949 t/km^3 和 0.875 万尾/km^3。锯缘青蟹 2005 年现存相对资源密度重量比 2004 年增加 0.060 t/km^3，密度尾数 2004 年增加 0.768 万尾/km^3，说明调查水域中幼体数量有所增加。2006 年锯缘青蟹未捕获到（2006 年未放流）。

贝类　2005 年 11 月对贝类放流海域采用 5 个点阿氏拖网调查结果显示，青蛤数量平均为 2.8 个/网，青蛤放流规格平均为 5.3 mm，至 11 月调查，平均壳长 8.81 mm，比放流时增长 3.51 mm；菲律宾蛤数量平均为 417 个/网，菲律宾蛤放流规格平均为 5.6 mm，至 11 月调查，平均壳长 15.82 mm，比放流时增长 10.22 mm。

②生态效益。1998—2002 年，浙江省在浙江北部沿岸海域进行了大黄鱼增殖放流可行性研究。通过 5 年来的放流试验表明，在浙北沿岸进行大黄鱼放流是完全可行的，放流鱼能够在放流区域附近海域存活、生长，并进行索饵、产卵洄游，同时形成了一定数量的捕捞群体，放流鱼回捕率较高，放流效果较好。该次 6—8 月放流的大黄鱼苗种，平均体长 5～6 cm，平均体重 3～4 g，至当年的 10 月回捕到时的体长已达 14～15 cm，体重 51 g 左右。而同期网箱养殖的鱼，至 10 月体长生长至 14 cm 左右，体重 67 g 左右，体长生长比放流回捕鱼慢，体重则明显快于放流回捕鱼。由此推算放流鱼每天全长增长 0.91 mm/d，增重 0.4 g/d 左右。从表 9-8 舟山历年大黄鱼产量对比可以看出，2004—2005 年大黄鱼平均产量比前 3 年平均产量增加 803 t 大黄鱼产量挂牌标志大黄鱼回捕率为 1.47%，隔年（两年后）回捕率为 0.2%，挂牌标志黑鲷的回捕率为 0.71%。

表 9-8　舟山市历年大黄鱼、海蜇、日本对虾、三疣梭子蟹产量对比　　　　　单位：t

年份	大黄鱼	海蜇	日本对虾	三疣梭子蟹
2001—2003 年平均	1 324	1 101	<10	46 341
2004—2005 年平均	2 127	2 084	403	52 398
增加值	803	983	393	6 057

闽东海区中国对虾放流虾的生长特性研究表明，放流虾表现出雌雄生长差异，雄性体生长较快，而雌性虾体可达到更大的个体，在相同体长条件下，放流虾体重比渤海野生虾大；体重生长拐点在 102 日龄左右。该次根据放流后的调查及标志试验分析，每放流 1 万尾日本对虾，初期（5 天内）存活 0.5 万尾，后期（20 天内）存活 4 720 尾，栖息在浅水区（80 天内）存活 3 100 尾，从第 80 天后被张网、笼网、拖网捕获，回捕尾数 1 031 尾，约合 25.1 kg，日均生长 0.25 g。

为了解放流三疣梭子蟹在放流后生长状况，在 7 月 16 日从自然海区捕获的梭子蟹幼蟹（平均甲长 30.76 mm、甲宽 64.1 mm、体重约 15 g）放入池塘内养殖至 9 月 16 日，平均甲长 59.41 mm、甲宽 121.93 mm、体重 106 g，甲长日均增长 0.47 mm、甲宽日均增长 0.95 mm、体重日均增长 1.5 g。根据舟山市产量统计，2001—2003 年平均三疣标志蟹产量 46 341 t，2004—2005 年平均产量比 2001—2003 年平均增加 6 057 t（见表 9-8）。

　　1992—1994 年浙江南部海域放流伞径 3～5 mm 的海蜇苗 17 533 万只，回捕率为 0.57%～2.33%，产生了较好的经济效益。根据舟山市产量统计，2001—2003 年平均海蜇产量 1 101 t，2004—2005 年平均产量比 2001—2003 年平均增加 983 t（见表 9-8）。

　　该次增殖放流评估结果表明：增殖放流使海域中渔业资源补充量有了显著增加，除有效提高当年的捕捞产量外，其剩余群体作为再生资源，在以后若干年，可不断地产生增殖效果。如每放流 1 万尾大黄鱼苗种（体长 5 cm 以上），一年中可产生 0.44 t 的资源量，除提高当年的捕捞产量外，在海中预留当年亲体近 1 500 尾，在自然海区留存大黄鱼亲体量，繁殖后形成补充资源量，可有力地促进大黄鱼资源的恢复；再如海蜇资源在 2003 年、2004 年降至谷底后，本次海蜇增殖放流使 2005—2006 年呈现了上升趋势（见图 9-6）；三疣梭子蟹资源历年存在大小年变动特点，2004—2006 年连年呈上升趋势。20 世纪 90 年代以来，长江口、杭州湾海域富营养化严重。多种类的增殖放流改善了水域生态群落结构。不同放流种类可利用天然海域中不同层次的饵料，同时它们自身也成为不同鱼类的饵料，从而改善了水域生态群落结构，有利于水域生态环境的修复。从定点调查和其他调查情况分析，通过连续 3 年的增殖放流后，长江口、杭州湾附近水域渔业生物的资源量和多样性方面有所增加和改善，说明放流起到了一定的修复作用。

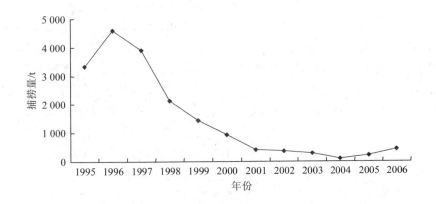

图 9-6　嵊泗县海蜇捕捞产量年变化

　　增殖放流形成了区域性渔场，根据调查，2005 年、2006 年在长江口外形成三疣梭子蟹密集群体，在舟山近海岛礁附近海域形成黑鲷密集群体，在浙江嵊泗海域、江苏吕泗海域形成海蜇密集群体，使作业范围扩大。增殖放流时间与天然群体繁育时间的不一致，使作业时间得以有效延长。

　　③经济效益。增殖放流整体的经济效益明显，根据调查资料结合不同的评估方法，获取生长率、回捕率、死亡率和单位产值，按不同品种的放流量和投入的放流资金推算出可捕捞数量和产值，综合计算得出，3 年增殖放流投入的总资金与捕捞产值的投入产出比达 1∶3.62。其中 3 年总的苗种放流资金与捕捞经济效益的投入产出比平均达到 1∶5。其中

鱼类的投入产出比达 1：5～1：7 以上（大黄鱼至第二年的投入产出比可达 1：15 以上），日本对虾、三疣梭子蟹的投入产出比可达 1：10 以上，海蜇的当年投入产出比可达 1：4 以上；锯缘青蟹投入产出比达 1：5 以上，贝类的投入产出比达 1：2.7 以上。若考虑放流后几年的剩余群体的增加（如大黄鱼、黑鲷）及其繁殖后形成的补充资源量情况（如海蜇、对虾、梭子蟹、大黄鱼等），则其长期的经济效益将是巨大的和长效的。

④社会效益。增殖放流是一项公益性工作，通过放流仪式、媒体报道、张贴宣传画等多种宣传方式，使全民自觉保护资源的意识得到进一步加强，通过各级地方政府协调配合，强化了政府保护资源环境的工作职能，江苏、上海、浙江等省市都加大了增殖放流的数量。增殖放流使捕捞渔民的收入明显增加，从而促进渔区社会稳定。如放流点（岱衢洋）附近的浙江大衢镇 2005 年大黄鱼渔获量有 1 t，产值达 10 多万元，而 2004 年和 2003 年渔获量为 0；嵊泗洋山镇（生产地点为放流点之一附近海域），在 2005 年 7 月初开始至 9 月中旬的 2 个多月时间内，在张网中捕获三疣梭子蟹近 40 t，产生的产值约 40 万元；嵊泗县 2004 年海蜇的捕捞产量为 90 t，2005 年捕捞产量为 220 t，在近几年海蜇资源状况不好、产量不断下滑的情况下，在上年的基础上净增加产量 130 t，增加产值 650 万元。黑鲷属岛礁性鱼类，放流后移动距离不长，成为较好的海钓品种。黑鲷放流数量的增加，使舟山近海岛礁附近海域黑鲷数量明显增加，黑鲷的上钓率明显上升，在一些休闲区已产生了明显的经济效益，从而带动了休闲渔业（游钓业）的发展。

（3）结论

从 2004—2006 年的前期和放流后的调查结果对比分析，表明增殖放流种类对放流海域总资源补充量的增加有显著作用，放流种类的资源密度指数呈上升趋势，从放流附近海域定点调查结果表明该海域总体生物资源量呈逐年减少趋势，但放流品种的资源补充量却逐年大幅增加，说明了资源增殖、修复的效果非常明显。梭子蟹、海蜇等部分放流种类增殖的效果明显，产量连年大幅增加，特别是海洋开放式水域的放流达到一定数量后可产生较好的效果，在放流临时保护区内海蜇的年放流量高于 4 000 万只以上时效果较放流量 2 000 万只时能增加 2.5 倍以上产值，梭子蟹年放流量达 500 万只以上时较放流量 300 万只时能增加 2.5 倍以上产值，起到了增产增收的目的，连续放流 3 年以上时增殖的累积效应得以逐渐体现，反映在放流品种的生长、繁殖效果得以在放流 2 年后的生态效益明显体现，3 年增殖放流投入的总资金与捕捞产值的投入产出比达 1：3.62，经济效益明显增加。增殖放流使全民自觉保护资源的意识得到进一步加强，使捕捞渔民的收入明显增加，从而促进渔区社会稳定。黑鲷属岛礁性鱼类，黑鲷放流数量的增加，使舟山近海岛礁附近海域黑鲷数量明显增加，黑鲷的上钓率明显上升，从而带动了休闲渔业（游钓业）的发展。

第四节　溢油事故环境损害评估模型应用

通过对"3·24"事故的调查分析，应用溢油事故环境损害评估模型评估溢油事故对海洋生态的影响，模拟结果与事故当时的调查进行对比验证。

一、"3·24"事故概况

1999 年 3 月 24 日凌晨 2—3 时因珠江口大雾弥漫，"东海 209 号"与"闽燃供 2"轮在珠江口水域 7 号灯标附近发生碰撞，"闽燃供 2"轮受损溢出 180# 重油估计 200 t，污染了珠江口海面。

二、事故周边敏感环境资源概况

事故周围的重点环境敏感资源情况见表 9-9。

表 9-9　环境敏感资源汇总表

序号	敏感资源类型	敏感资源名称
1	水源保护区	饮用水取水口
2	生态自然保护区	珠江口中华白海豚国家级自然保护区
3		广东内伶仃岛国家级自然保护区
4		担杆岛猕猴省级自然保护区
5		珠海市淇澳岛红树林保护区
6		大杧岛野生动物放养保护区
7		庙湾珊瑚市级自然保护区
8	水产资源保护区	万山人工鱼礁区
9		万山群岛海域水产养殖区
10		珠海市外伶仃幼鱼保护区
11		桂山岛水产养殖区
12		担杆岛海水养殖区
13		淇澳岛养殖区
14		珠江口渔场
15	旅游区	飞沙滩旅游区
16		荷包岛大南湾旅游区

三、"3·24"事故污染状况调查结果

1. 受污染状况

"闽燃供 2"油船造成 180# 重油漏出约 200 t，在珠江径流、潮汐、东风和东北风的共同作用下，油污向西、西南方向飘移，造成内伶仃岛以西、淇澳岛、唐家湾、香洲附近海域油污染。

3 月 25 日、26 日淇澳岛出现油污染，污染较严重的淇澳岛轮渡码头、陶芒湾、牛仔湾、麻婆湾、大围湾、石井湾。3 月 26—31 日相继出像在唐家湾、香洲湾、九州湾。油污污染较严重的唐家湾、银坑蚝场、香洲区情侣路海边，其中有香洲客运码头、水产码头、菱角咀海滨游泳场、九州港码头一带。油污经风吹和潮汐水流作用在岸边、沙滩、石头上凝固，呈黑色胶块状，尤其是湾角处油块较多、较厚。在情侣路一带滩涂上、岸壁上、海滨浴场沙滩上呈黑糊糊一片。

珠海、深圳、中山、金星门、淇澳岛等 300 多 km^2 海域及 55 km 岸线遭到污染。沙滩上的油污平均厚度达 10 多 cm，部分地区达 20～30 cm。美丽的珠海市著名的旅游风景区、海滨浴场、情侣北路岸线，到处沾满油污。具体见表 9-10。

表 9-10　岸线污染面积统计

单位：m^2

III 类污染（重污染区）			II 类污染（中污染区）		
岸壁	礁滩	沙滩	岸壁	礁滩	沙滩
6 260	90 850	97 830	8 890	81 500	50 000
194 940			140 390		
335 330					

2. 生态影响调查分析

事故后珠海市环保局和"闽燃供 2"轮的船东——中国船舶燃料供应福建省公司就沉船漏油分别进行环境影响调查及分析报告，得出以下调查结果。

（1）对淇澳岛红树林的影响分析

珠海市现有红树林主要分布在淇澳岛，经过调查 324 重大溢油事故对红树林的影响主要在淇澳岛。淇澳岛现有红树林分布可归纳为：大围湾成片红树林区（约 27 hm^2），大围湾人工移植红树林区（约 66.7 hm^2），其余岸段零星红树林区。事故发生后，淇澳岛海岸受到严重的影响，尤其是迎风面的东岸，较轻的是西岸。

红树林受污染较轻的是西岸青头角至夹洲到珠海水产养殖公司堤外零散红树林 3 hm^2，大围湾 27 hm^2 成片红树林及 66.7 hm^2 人工移植的稀疏红树林区。前者因地处岛屿背风一侧，漂油较难以到达。后者主要由于已被人工围堤围住，尽管开始时水闸管理者未及时得到警告和指导而使部分重油流入围内（主要是在夜间）。

淇澳岛上 70 hm^2 珍稀植物——红树林被污染，生态环境遭到严重破坏。受溢泄重油污染较严重的红树林约有 2 hm^2，红树林的叶片和树枝沾满油污。

由测定结果可以看出，淇澳岛沿岸零散红树林油污影响严重，叶面沾油量高达 7.54 mg/cm^2。大围湾渠道两侧零散红树林油污影响较轻，叶面沾油量 0.016 4～0.002 6 mg/cm^2。其中北渠道叶面沾油量略大于南渠道，说明由北向南油污有所减轻。大围湾堤内红树林及西岸红树林油污程度应比南北渠道边红树林更轻。

本次油污染对红树林的影响，有的红树林整株被油污覆盖，后经反复冲刷，有的叶片变黄，有的脱落，又重新长出新的叶片，在 4 月底调查中未看到由于油污造成小片或数株红树林死亡的情况。

在 4 月底调查中在淇澳岛大围湾看到被油污沾过的大米草，有的变枯黄，有的枯死，在大围湾排水渠岸边看到的大米草又发绿叶，长着嫩绿的大米草，郁郁葱葱。

（2）对海岸景观的影响

油污主要中黑色胶状油块，黏在滩地的石头上，沙滩上、岸壁上，受油污染较严重的有淇澳岛轮渡码头、淇澳岛的情侣路、香洲客运码头、菱角咀海滨浴场、珠海渔女、九州港客运码头。

（3）对水产和捕捞的影响

根据水产部门的资料，受油污影响的水产养殖（包括精养鱼塘，鱼、蚝场等）面积1.1万hm^2，其中蚝田1 334 hm^2，白蚬护养增殖区1.1万hm^2；受油污影响的海区属"'3·24'渔区"。

本次油污染对水产养殖影响较大的有淇澳岛的海水养殖、淇澳白蚬养护区、银坑蚝场，由于受到油污的影响，造成养殖场有不同程度的鱼、虾、贝类（包括蚝）的死亡，造成一定的经济损失。

四、模型评估结果

利用模型预测的"3·24"事故幕景，结合生态调查数据，得到溢油影响范围图层，经过环境损害评估模型与生态资源图的叠加分析，叠加结果见图9-7。

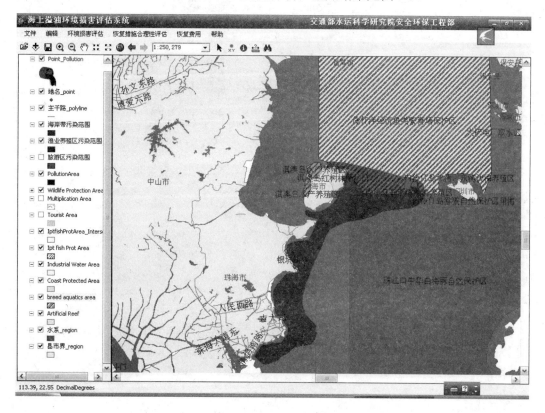

图9-7　模型预测结果

经过计算红树林受污染较严重的是东岸南芒湾东北花岗岩岬角中部，西南岸青头角至淇澳桥头之间，北岸第二斜湾东岸，总计约2 hm^2。油膜厚度为10 mm，认为可以自然恢复，不需要采取恢复措施，不会产生恢复费用。

而5月5日实地考察发现这些区域红树林叶片上的油污受到海水冲洗有所减轻，仍未发现因重油污染致死的植株。

根据叠加分析，受油污影响的水产养殖（包括精养鱼塘，鱼、蚝场等）面积1.3万hm^2，其中蚝田 670 多 hm^2，受油污影响的海区属"'3·24'渔区"。溢油浓度在 50 mg/L 左右，评估认为此部分养殖的水产品受到溢油污染，产生损失。

溢油污染了珠江口中华白海豚自然保护区 5 km^2，但由于白海豚具有躲避功能，评估结果不认为会对白海豚造成伤害，而实际上调查也未发现对白海豚造成伤害。

经过对"3·24"事故模拟预测和环境损害评估，认为对红树林的损害以清污为主。对水产养殖区应补偿经济损失。这与当时的事故后果是吻合的，说明模型模拟结果是基本合理的。

参考文献

[1] 智广路. 加强两岸合作提高溢油应急反应能力[M]//海上污染防治及应急技术研讨会论文集. 北京：中国环境科学出版社，2009.

[2] 中国海事局. 溢油应急培训教材[M]. 北京：人民交通出版社，2004：5-10.

[3] 交通部综合规划司，交科院交通信息中心. 世界主要国家交通统计资料[R]. 北京：人民交通出版社，2006.

[4] 新华网. 中国海上船舶溢油应急管理工作现状[EB/OL].（2007-06-01）[2013-06-01]. http://news.xinhuanet.com/video/2007-06/01/content_6184044.htm.

[5] 韩立新. 船舶污染损害赔偿法律制度研究[M]. 北京：法律出版社，2007.

[6] 林奎，杨建立. "11·14"重大油污事故处理工作中存在的问题及对策[C]. 2002年海事论坛，2002.

[7] 陈安. 国际海事法学[M]. 北京：北京大学出版社，1998.

[8] 吴南伟，张贤伟. 船舶油污民事赔偿制度研究[M]//中国海事审判年刊. 北京：人民交通出版社，2003.

[9] 农业部. 水域污染事故渔业损失计算方法规定[S].（2008-03-04）[2013-06-01]. http://www.moa.gov.cn/zwllm/zcfg/nybgz/200806/t20080606_1057119.htm.

[10] 刘功臣. 建立我国船舶油污损害赔偿机制的研究[D]. 大连：大连海事大学，2004.

[11] 国际海事组织. 油污手册第Ⅳ部分——抗御油污[M]. 北京：人民交通出版社，2003.

[12] 司玉琢. 运输油污损害赔偿法律制度研究[C]. 建立中国船舶油污损害赔偿机制海事论坛论文集，2002.

[13] 高振会，等. 海洋溢油生态损害评估的理论、方法及案例研究[M]. 北京：海洋出版社，2007.

[14] 郭庆祝. 船舶溢油因素分析[J]. 中外船舶科技，2006（2）：16-18.

[15] 鄂海亮. 我国船舶污染防治体系的分析研究[D]. 大连：大连海事大学：2008.

[16] 樊海涛. 船舶溢油原因和影响因素分析[J]. 科技咨询，2008（32）：70-78.

[17] 王志霞，刘敏燕. 溢油对海洋生态系统的损害研究进展[J]. 水道港口，2008，29（5）：367-371.

[18] Schiel D R，M S Foster. Restoring kelp forests[M]//G W Thayer. Restoring the nation's marine environment. College Park，MD：Maryland Sea Grant Book，1992：279-342.

[19] Leahy J G，R R Colwell. Microbial degradation of hydrocarbons in the environment[J]. Microbiol.Rev.，1990：54-30.

[20] Okoh A I，Trejo-Hernandez M R. Remediation of petroleum hydrocarbon polluted systems：Exploiting the bioremediation strategies[J]. African Journal of Biotechnology，2006，5（25）：2520-2525.

[21] Swannell R P J，Lee K，McDonagh M. Field evaluations of marine oil spill bioremediation[J]. Microbiological Reviews，1996（60）：342–365.

[22] Oliviera R，Robertiello A，Degen L. Enhancement of microbial degradation of oil pollutants using

lipophilic fertilizers[J]. Mar. Pollut.Bull.，1978（9）：217-220.

[23] Heitkamp M A，Camel V，Adams W J. Biodegradation of p-nitrophenol in an aqueous waste stream by immobilized bacteria[J]. Applied and Environmental Microbiology，1990（56）：2967-2973.

[24] Wilson N G，Bradley G. Enhanced degradation of petroleum（slovene diesel）in an aqueous system by immobilized Pseudomonas fluorescens[J]. Journal of Applied Microbiology，1996（80）：99-104.

[25] Obuekwe C O，Al-Muttawa E M. Self-immobilized bacterial cultures with potential for application as ready-to-use seeds for petroleum bioremediation[J]. Biotechnology Letters，2001（23）：1025-1032.

[26] Quek E，Y P Ting，H M Tan. Rhodococcus sp. F92 immobilized on polyurethane foam shows ability to degrade various petroleum products[J]. Bioresource Technology，2006（97）：32-38.

[27] Oh Y S，Maeng J，Kim S J. Use of microorganismimmobilized polyurethane foams to absorb and degrade oil on water surface[J]. Applied Microbiology and Biotechnology，2000（54）：418-423.

[28] Quek E，Y P Ting H M Tan. Rhodococcus sp. F92 immobilized on polyurethane foam shows ability to degrade various petroleum products[J]. Bioresource Technology，2006（26）：41-43.

[29] Prince R C. Bioremediation of marine oil spills[J]. Trends Biotechnol，1997（15）：158-160,（54）：418-423.

[30] Kellenberger E. Exploring the unkown：The silent revolution of microbiology[J]. EMBO Reports，2001（2）：5-7,（54）：418-423.

[31] 贾晓平，林钦. 南海原油和燃料油对仔虾和仔鱼的急性毒性试验[J]. 热带海洋，1998，17（1）：93-97.

[32] Anderson J W，Neff J M，Cox B A，et al. Characteristics of dispersions and water soluble extracts of crude oil and refined oil and their toxicity to estuarine crustaceans and fish[J]. Mar Biol，1974，27（1）：75-88.

[33] Tatem H E B A，Anderson J N，et al. The toxicity of oils and petroleum hydrocarbons to estuarine crustaceans[J]. Estuarine Coastal Mar Sci.，1978，6（3）：365-373.

[34] 吴彰宽，陈国江. 二十三种有害物质对对虾的急性致毒试验[J]. 海洋科学，1998（4）：36-40.

[35] 唐峰华，沈盎绿，沈新强. 溢油污染对虾类的急性毒性效应[J]. 广西农业科学，2009，40（4）：410-414.

[36] 唐峰华，沈盎绿，沈新强. 溢油污染对蟹类幼体毒性效应的评价[J]. 安徽农业科学，2009，37（17）：8027-8029.

[37] 唐峰华，沈盎绿，樊伟，等. 不同油类对虾蟹类幼体的胁迫效应[J]. 生态环境学报，2010，19（1）：63-68.

[38] 万庆，魏一鸣，陈德清，等. 洪水灾害系统分析与评估[M]. 北京：科学出版社，1999.

[39] HY/T 095—2007. 海洋溢油生态损害评估技术导则[S]. 2007.

[40] 沈新强. 海洋溢油事故对天然渔业资源损害评估[J]. 中国农业科技导报，2008，10（1）：93-97.

[41] GB 11607—1989. 渔业水质标准[S]. 1989.

[42] GB/T 21678—2008. 渔业污染事故经济损失计算方法[S]. 2008.

[43] SC/T 9110—2007. 建设项目对海洋生物资源影响评价技术规程[S].

[44] 沈新强，周永东. 长江口、杭州湾海域渔业资源增殖放流与效果评估[J]. 渔业现代化，2007，34（4）：54-57.

[45] 沈德中. 污染环境的生物修复[M]. 北京：化学工业出版社，2002.

[46] 任海，彭少麟. 恢复生态学导论[M]. 北京：科学出版社，2002.

[47] Hawkins S J，Gibbs P E. Recovery of polluted ecosystems：the case for long studies[J]. Marine environmental Research，2002（54）：215-222.

[48] Douglas D O. Natural resource damage assessments in the United States：rule and procedures for compensation from spills of hazardous substances and oil in waterways under US jurisdiction[J]. Marin Pollution Bullettin，2002（44）：96-110.

[49] 沈新强，晁敏，全为民，等. 长江河口生态现状及修复研究[J]. 中国水产科学，2006，13（4）：624-630.

[50] 沈新强，陈亚瞿，全为民，等. 底栖动物对长江口水域生态环境的修复作用[J]. 水产学报，2007，31（2）：199-203.

[51] 郑本法，郑宇新. 旅游业的本质和特点[J]. 开发研究，1998（3）.

[52] 新华网. 近年来国际国内发生的重大海上溢油事故[EB/OL]. （2007-06-01）[2013-06-01]. http://news.xinhuanet.com/video/2007-06-01/content_6185341.htm.

[53] 中华人民共和国海事局. 1969 年国际油污损害民事责任公约[M]//国际油污损害赔偿公约汇编，2003.

[54] 那力，孙丽伟. 从 Amoco Cadiz 案看环境损害赔偿问题[C]. 中国法学会环境资源法学研究会年会论文集，2004.

[55] Mans Jacobsson[C]. ITOPF 国际研讨会，2005.

[56] 交通运输部科学研究院. 水上抢险打捞和清污装备配置研究[R]//《国家水上交通安全和救助系统建设规划》：专题报告四，2006.

[57] 尹田. 中国海域物权制度研究[M]. 北京：中国法制出版社，2004.

[58] 宋家慧，刘红. 建立中国船舶油污损害赔偿机制的对策[J]. 交通环保，1999，20（5）：1-5.

[59] IPIECA. Biological Impacts of Oil Pollution：Rocky Shores[EB/OL]//London：International Petroleum Industry Environmental Conservation Association. IPIECA Report Series，1996. http://www.ipieca.org/publication/biological-impacts -oil-pollution-rockyshores.

[60] IPIECA. Biological Impacts of Oil Pollution：Mangrove[EB/OL]//London：International Petroleum Industry Environmental Conservation Association. IPIECA Report Series，1996. http://ww.ipieca.org/publication/biological‐impacts‐oil -pollutio n-mangroves.

[61] IPIECA. Biological Impacts of Oil Pollution：Coral reef[EB/OL]//London：International Petroleum Industry Environmental Conservation Association. IPIECA Report Series，1996. http://www.ipieca.org/publication/biological-impacts-oil-pollutio n-coralreef.

[62] IPIECA. Biological Impacts of Oil Pollution：Sedimentary Shores[EB/OL]//London：International Petroleum Industry Environmental Conservation Association. IPIECA Report Series，1996. http://www.ipieca.org/publication/biological -impacts-oil-pollution -sedimentaryshores.

[63] 沈国英，施并章，等. 海洋生态学[M]. 北京：科学出版社，2001.

[64] Begon M Mortimer. Population Ecology：A Unfield Study of Animals and Plants[M]. Blackwell Sei Pub，1981.

[65] Rhoad D C，et al. Disturbance and production on the estuarine sea floor[M]. Amer Sci.，1978.

[66] 黄宗国. 中国海洋生物种类与分布[M]. 北京：海洋出版社，1994.

[67] National Oceanic and Atmospheric Administration. Primary Restoration，Guidance Document for Natural Resource Damage Assessment[EB/OL]//Under the Oil Pollution Act of 1990. http://www.darrp.noaa.gov/library/1_d.html.

[68] 李冠国，范振刚. 海洋生态学[M]. 北京：高等教育出版社，2004.

[69] Vargo G A，Hutchins M，Almquist G. The effect of low，chronic levels of no. 2 fuel oil on natural phytoplankton assemblages in microcosms：1. Species composition and seasonal succession [J]. Marine Environmental Research，1982，6（4）：245-264.

[70] Bate G C，Crafford S D. Inhibition of phytoplankton photosynthesis by the WSF of used lubricating oil[J]. Marine Pollution Bulletin，1985，16（10）：401-404.

[71] Corner E D S. The fate of fossil fuel hydrocarbons in marine animals [C]. Proceedings of the Royal Society B，1975：391-413.

[72] Spooner M，Corkett C. Effects of Kuwait oils on feeding rates of copepods [J]. Marine Pollution Bulletin，1979，10（7）：197-202.

[73] Lee R F，Takahashi M，Beers J. Short term effects of oil on plankton in controlled ecosystems[J]//Conference Assessement of Ecological Impacts of Oil Spills，Keystone，Colorado，American Institute of Biological Sciences，1978：4-17.

[74] Davenport J. Oil and planktonic ecosystems[J]. Philosophical Transactions of the Royal Society of London Series B，1982，297（1087）：369-384.

[75] Lewis R R，III. Coastal ecosystems[J]. Restoration and Management Notes，1992（10）：18-20.

[76] Gilfillan E，D Page，J Foster. Tidal area dispersant projects：Fate and effects of chemically dispersed oil in the nearshore benthicenvironment[R]. Washington，DC.：American Petroleum Institute Pub.，1986：215.

[77] Al-Omran L A，Rao C V N. The distribution and sources of hydrocarbons in the regional sea area of the Arabian Gulf[J]. Kuwait Journal of Science and Engineering，1999，26（2）：301-314.

[78] Michael A D. The effects of petroleum hydrocarbons on marine populations and communities[M]//Wolfe D A（Ed.）. Fate and Effects of Petroleum Hydrocarbons in Marine Ecosystems and Organisms. Oxford：Pergamon Press，1977：129-137.

[79] Sandborn H R. Effects of petroleum on ecosystems[M]//Malins，D.C.（Ed.）. Effects of Petroleum on Arctic and Subarctic Marine Environments and Organisms. New York：Academic Press，1977：337-357.

[80] Sleeter T D，Butler J N. Petroleum hydrocarbons in zooplankton faecal pellets from the Sargasso Sea[J]. Marine Pollution Bulletin，1982，13（2）：54-56.

[81] Kuhnhold W W. Impact of the Argo Merchant oil spill on macrobenthic and pelagic organisms[C]. Paper presented at the AIBS Conference Assessment of Ecological Impact of Oil Spill，Keystone，Colorado，USA，1978：14-17.

[82] Linden O，Elmgren R，Boehm P. The Tsesis oil spill：its impact on the coastal ecosystem of the Baltic Sea[J]. Ambio，1979，8（6）：244-253.

[83] Varela M. Phytoplankton ecology in the Bay of Biscay[J]. Scientia Marina，1996，60（2）：45-53.

[84] Reid P C. The importance of the planktonic ecosystem of the North Sea in the context of oil and gas

development[J]. Philosophical Transactions of the Royal Society of London Series B, 1986, 316 (1181):
587-602.

[85] Batten S D, Allen R J S, Wotton C O M. The effects of the Sea Empress oil spill on the plankton of the
southern Irish Sea[J]. Marine Pollution Bulletin, 1998, 36 (10): 764-774.

[86] Gonza. Spatial and temporal distribution of dissolved/dispersed aromatic hydrocarbons in seawater in the
area affected by the Prestige oil spill[J]. Marine Pollution Bulletin, 1996, 8 (6): 244-253.

[87] Spooner M, Corkett C. Effects of Kuwait oils on feeding rates of copepods[J]. Marine Pollution Bulletin,
1979, 10 (7): 197-202.

[88] Honjo S, Roman M R. Marine copepods fecal pellets: production, preservation and sedimentation[J].
Journal of Marine Research, 1978, 36 (1): 45-57.

[89] Bode A, Varela M. Primary production and phytoplankton in three Galician Rias Altas (NW Spain):
seasonal and spatial variability[J]. Sci. Marin., 1998, 62 (4): 319-330.

[90] Hebert R, Poulet S A. Effect of particle size of emulsions of Venezuelan crude oil on feeding, survival and
growth of marine zooplankton[J]. Marine Environmental Research, 1980, 4 (2): 121-134.

[91] Davies J, Hardy R, McIntyre A. Environmental effects of North Sea oil operations[J]. Marine Pollution
Bulletin, 1981, 12 (12): 412-416.

[92] Price A, Mathews C, Ingle R, et al. Abundance of zooplankton and penaeid larvae in the western Gulf:
analysis of prewar and post-war data[J]. Marine Pollution Bulletin, 1993 (27): 273-278.

[93] Banks S. Sea satellite monitoring of oil spill impact on primary production in the Galapagos Marine
Reserve[J]. Marine Pollution Bulletin, 2003, 47 (7-8): 325-330.

[94] Paul F K. Long-term environmental impact of oil spill[J]. Spill Science & Technology Bulltion, 2002 (7):
53-61.

[95] Tony P, Heodore T. Calculating resource restoration for an oil discharge in Lake Barre, Louisiana, USA[J].
Environmental Management, 2002, 29 (50): 691-702.

[96] IOPC Funds. International Oil Pollution Compensation Funds Annual Report 2006[R]. 2006: 104-108.

[97] Getter C D. Restoration of habitats impacted by oil spills[M]. Boston, MA: Butterworth Publishers, 1984:
65-113.

[98] Citron-Molero G. Restoring mangrove systems[M]//G W Thayer. Restoring the nation's marine
environment. Maryland: Sea Grant Publication, 1992: 223-277.

[99] Evans D D, G W Mulholl, J R Lawson, et al.. Burning of oil spills[C]//1991 Oil Spill Conference
(Prevention, Behavior, Control, Cleanup). Washington, DC: American Petroleum Institute Publication,
1991: 677-680.

[100] Teas H J E O, Dueer J Wilcox. Effects of South Louisiana crude oil and dispersants on Rhizorphora
mangroves[J]. Marine Pollution Bulletin, 1989, 18 (3): 122-124.

[101] Johnson T L, R A Pastorak. Oil spill cleanup: options for minimizing adverse ecological impacts[M].
Wash.DC: Bellevue, WA, ATI Pub., 1985: 580.

[102] Zieman J C, R Orth, R C Phillips, G Thayer, et al. The effects of oil on seagrass ecosystems[M]//J Cairns,
Jr., A L Buikema, Jr. Restoration of Habitats Impacted by Oil Spills, Boston: Butterworth Publishers,

1984：37-64.

[103] Fonseca，M S. Regional analysis of the creation and restoration of seagrass systems[M]//J A Kusler，M E Kentula. Wetland Creation and Restoration，Island Press，1991.

[104] Thayer，G W. Restoring the nation's marine environment[M]. Maryland：Maryland Sea Grant Book，1992：1-5.